北京地区典型农居图集

罗桂纯　等著

地震出版社

图书在版编目（CIP）数据

北京地区典型农居图集/罗桂纯等著．—北京：
地震出版社，2021.6
ISBN 978－7－5028－5308－2

Ⅰ．①北…　Ⅱ．①罗…　Ⅲ．①农村住宅－防震设计－
北京－图集　Ⅳ．①TU241.4－64

中国版本图书馆 CIP 数据核字（2021）第 046240 号

地震版　XM4895/TU(6044)

北京地区典型农居图集

罗桂纯　等著

责任编辑：范静泊
责任校对：凌　樱

出版发行：地震出版社

北京市海淀区民族大学南路 9 号　　邮编：100081
发 行 部：68423031　68467991　　传真：68467991
总 编 室：68462709　68423029
编辑四部：68467963
http：//seismologicalpress.com
E-mail：zqbj68426052@163.com

经销：全国各地新华书店
印刷：河北文盛印刷有限公司

版（印）次：2021 年 6 月第一版　2021 年 6 月第一次印刷
开本：787×1092　1/16
字数：191 千字
印张：8.25
书号：ISBN 978－7－5028－5308－2
定价：60.00 元

农居地震安全是防范化解重大风险和防震减灾的重点工作之一，《北京市“十三五”时期防震减灾规划》中提出，“全面消除老旧小区、棚户区、城乡结合部、文物古建筑、农民住宅等薄弱环节的抗震隐患”。但由于城乡经济发展水平差异，长期以来，农村民居多为当地工匠按经验施工或农民自行设计搭建，抗震构造措施缺乏或不完整，基本处于“不设防”状态，房屋抗震能力普遍薄弱，农村乡镇发生地震的概率远远高于大中城市，我国 80% 的 5 级以上地震发生在农村地区；从过去的四川汶川地震、青海玉树地震、四川芦山地震、甘肃岷县地震、云南鲁甸地震都清楚地表明，房屋破坏是造成经济损失和人员伤亡的主因，约占总损失的 80% 以上，其中 50% 以上的经济损失和 60% 的人员伤亡在农村，可见提高农村民居的抗震设防能力是在地震中有效降低经济损失和人员伤亡的重要措施。

北京位于华北平原地震带、山西地震带和张家口—渤海地震带的交汇地区，活动块体和活动断裂发育，属于多震区，历史上曾遭受过多次强烈地震的破坏和影响，农村房屋破坏和人员伤亡严重。北京市辖 16 个区，其中 10 个远郊区分布着大量的村镇，且相当一部分农村位于山区地带。为摸清北京地区农村民居抗震性能及房屋现状，北京市地震局联合各区地震局、各村委会人员抽样调查了北京昌平区、怀柔区、延庆区、平谷区、朝阳区 5 区 7518 栋农居房屋信息数据，本书以图片的形式分别从不同建造年代、不同结构类型展示房屋的现存状态。根据房屋的结构类型、建造年代、场地基础、施工设计和建筑材料等多方面因素，分析农居房屋中存在的抗震薄弱环节，并提出针对性建议，为提高农居的抗震设防能力，防范化解农村地震灾害风险提供依据。

在本书编写过程中得到郁璟贻、任志林、郑立夫、张博芝、谭晓迪等团队成员们的大力支持并共同参与，在此一并表示感谢。

作者

2021 年 2 月于北京

目
Contents
录

第 1 章 北京地区背景

北京，简称“京”，古称燕京、北平，现为中华人民共和国的首都，全国政治中心、文化中心、国际交往中心、科技创新中心，既是世界著名古都，又是现代化的国际大都市，行政辖区总面积为 16410 平方千米。

北京位于北纬 39°56′、东经 116°20′，地处华北大平原的北部，东面与天津市毗连，其余均与河北省相邻。地势西北高、东南低。西部、北部和东北部三面环山，东南部是一片缓缓向渤海倾斜的平原。北京市山区面积 10200 平方千米，约占总面积的 62%，平原区面积为 6200 平方千米，约占总面积的 38%。北京的地形西北高，东南低。北京市平均海拔 43.5 米。北京平原的海拔高度在 20 ～ 60 米，山地一般海拔 1000 ～ 1500 米。

2019 年末，常住人口 2153.6 万人，城镇人口 1865 万人，城镇化率 86.6%，常住外来人口达 794.3 万人。

1.1 北京市行政区划（图 1-1）

北京市辖 16 个区、157 个街道、143 个镇、33 个乡、5 个民族乡（合计 338 个乡级行政区划单位）。16 个区分别为东城区、西城区、朝阳区、丰台区、石景山区、海淀区、门头沟区、房山区、通州区、顺义区、昌平区、大兴区、怀柔区、平谷区、密云区、延庆区。除东城区、西城区、朝阳区、丰台区、石景山区、海淀区为城 6 区外，其余 10 个区均为远郊区县。

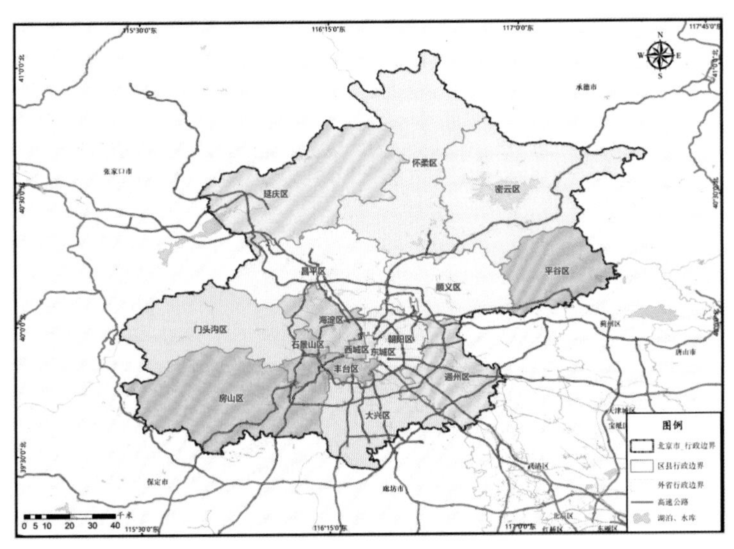

图 1-1 北京市行政区划图

1.2 北京地区地震构造背景

北京位于华北平原地震带、山西地震带和张家口—渤海地震带的交汇地区，是我国历史上地震活动较为强烈的地区之一。区内地震地质环境复杂，新构造运动强烈，活动块体和活动断裂发育。北京平原区和京西北盆岭区是活动断裂和第四纪断陷盆地集中发育的地区，因此也是地震活动的强震区。

位于华北平原断陷带与张家口—渤海构造带交汇处的北京平原区，主要发育有隶属华北平原断陷带的南口山前断裂、八宝山断裂、黄庄—高丽营断裂、顺义—良乡断裂、南苑—通县断裂、夏垫新断裂等多条北东向的活动断裂和隶属张家口—渤海构造带的南口—孙河断裂、二十里长山断裂、永定河断裂等北西向活动断裂。上述断裂除早、中更新世活动的八宝山断裂、永定河断裂外，其他均为晚更新世—全新世活动断裂。

位于山西断陷盆地与张家口—渤海构造带交汇处的京西北盆岭区，发育有隶属山西断陷盆地带的延矾次级盆地北缘断裂、怀涿次级盆地北缘断裂等北东向活动断裂和隶属张家口—渤海构造带的新保安—沙城断裂、黄土窑—土木断裂、施庄断裂等北西向活动断裂和桑干河近东西向断裂。上述断裂除中更新世施庄断裂外，其他均为晚更新世—全新世活动断裂。

北东向和北西向两组断裂带构成了本区第四纪以来构造活动的基本格架，同时也是强震发生的有利场所。如1679年三河—平谷8级大地震、1720年沙城6¾级强震、1484年居庸关一带6¾级强震等地震就发生在这些构造部位。

因此，在地震地质环境上，北京及邻区具有发生强烈地震的构造背景和条件。

根据《建筑抗震设计规范 GB 50011—2010（2016版）》（附录A）我国主要城镇抗震设防烈度、设计基本地震加速度和设计地震分组中关于北京地区的抗震设防烈度、设计基本地震加速度值和所属的设计地震分组见表1-1。

表1-1 北京市抗震设防烈度、设计基本地震加速度和设计地震分组

烈度	加速度	分组	县级及县级以上城镇
8度	0、20g	第二组	东城区、西城区、朝阳区、丰台区、石景山区、海淀区、门头沟区、房山区、通州区、顺义区、昌平区、大兴区、怀柔区、平谷区、密云区、延庆区

1.3 北京地区历史地震情况

北京及邻区是我国历史上多地震的地区之一。据统计，自公元294年以来，共发生4级以上地震198次，4.7级以上地震15次（任振起，1996）。其中，三河—平谷8级地震最大，在清朝康熙实卷有详细记载，“震之所及东至辽宁沈阳、西至甘肃、南至安徽桐城，凡数千里，而三河、平谷最惨。远近荡然一空，了无隔障，山崩地陷、烈地漏水、土砾成丘、尸骸枕藉、官民死伤不计其数，有全家覆没者”。据统计，此次地震仅死亡就达2万余人，德胜、安定、

西直门三门城楼倒塌，皇城墙、皇宫内各宫殿均有破坏或倒塌。京城共计倒塌房屋12793间，坏18028间，死485人。

笔者查阅《中国历史强震目录》和《中国近代地震目录》等图书文献资料统计了自公元294年以来北京地区（包括怀来—延庆交界，平谷—三河交界）4.7级及以上历史地震目录，详见表1-2。

表1-2 北京地区历史地震目录

序号	发震时间	震中参考位置	经纬度/°	震级	烈度	震害情况
1	294年9月（西晋元康四年八月）	北京延庆东	40.5 116.0	6	Ⅷ	上谷地震，水出，杀百余人。居庸地裂，广36丈，长84丈，水出，大饥
2	1057年3月30日（宋嘉祐二年二月十七日夜）	北京南	39.7 116.3	6¾	Ⅸ	大坏城廓，压死数万人
3	1076年12月（辽太康二年十一月）	北京	39.9 116.4	5	Ⅵ	民舍多坏
4	1337年9月16日（元顺帝至元三年八月十四日夜）	河北怀来，北京延庆一带 *	40.4 115.7	6½	Ⅷ	坏官民房舍，伤人畜甚众。太庙梁柱裂，各室墙壁皆坏，文宗神主及御床尽碎
5	1484年2月7日（明成化二十年正月初二）	北京居庸关一带	40.5 116.1	6¾	Ⅷ～Ⅸ	坏城廓，覆庐舍，裂地涌沙，伤害人物。天寿山、密云、古北口、居庸关一带城垣、墩台、驿堡倒裂者不可胜计，人有压死者
6	1485年7月3日 *（明成化二十一年五月十三日）	北京居庸关西北	40.4 115.8	4¾		俱地震有声
7	1536年11月1日（明嘉靖十五年十月初八夜）	北京通县附近	39.8 116.8	6	Ⅶ～Ⅷ	民用房屋倾圮伤人，州城亦多圮
8	1586年5月26日（明神宗万历十四年四月初九寅时）	北京	39.9 116.3	5	Ⅵ	民间小屋小倾倒者，裕陵明楼震坏砖瓦
9	1615年12月8日 *（明万历四十三年十月十八日）	北京密云南	40.1 116.8	4¾		北京、东安（今廊坊南）、密云、潮河川（古北口附近）夜五更同时地震有声

续表

序号	发震时间	震中参考位置	经纬度 /°	震级	烈度	震害情况
10	1632 年 9 月 4 日 *（明崇祯五年七月二十日）	北京通县东南	39.7 117.0	5		房屋倒塌，伤人无数
11	1664 年 4 月 1 日（清康熙三年三月初六）	北京通县	39.9 116.7	4¾	Ⅵ	旧城南门城楼震圮
12	1665 年 4 月 16 日（清康熙四年三月二日午刻）	北京通县西	39.9 116.6	6½	Ⅷ	通县：城堞及东西水关俱圮，民房圮三分之一，正北离城二里地裂，宽五寸 **，长百余步，黑水涌出 北京：城内房屋倒塌者不计其数，城墙亦有百处塌陷
13	1679 年 9 月 2 日（清康熙十八年七月二十八日巳时）	河北三河—北京平谷	40.0 117.0	8	Ⅺ	远近荡然一空，了无隔障，山崩地陷，烈地漏水，土砾成丘，尸骸枕藉，官民死伤不计其数，有全家覆没者 北京：房屋倒塌 12793 间，损坏 18028 间，死 485 人，宫殿普遍损坏，白塔倒扑
14	1720 年 7 月 12 日（清康熙五十九年六月初八）	河北沙城（怀来）	40.4 115.5	6¾	Ⅸ	北京房屋倒塌有压死人
15	1730 年 9 月 30 日（清雍正八年八月十九日巳时）	北京西北郊（香山）	40.0 116.2	6½	Ⅷ	北京及郊县村庄共计颓塌民居、土房屋 16000 余间，颓塌砖、土墙壁 12000 余堵，死伤民兵 457 人
16	1746 年 7 月 29 日（清乾隆十一年六月十二日戌时）	北京昌平	40.2 116.2	5	Ⅵ	间有土墙坍塌之处
17	1765 年 7 月 4 日 *（清乾隆三十年五月十七日戌时）	北京昌平西南	40.1 116.0	5		地微动三四次
18	1967 年 7 月 28 日	北京延庆—河北怀来之间	40.6 115.8	5½	Ⅵ	房屋普遍掉土或掉瓦、裂缝，山石滚落，土崖崩落

注：* 表示缺乏资料。

**1 寸≈ 3.33 厘米。

第 2 章　北京地区农居调查概况

为对接国家自然灾害防治能力建设，摸清北京地区农村民居抗震性能底数开展地震灾害风险调查和重点隐患排查工程、地震易发区房屋设施加固工程和北京韧性城市建设工作，笔者联合区地震局及当地村委会工作人员对北京昌平区、怀柔区、延庆区、平谷区、朝阳区等农居房屋建筑进行随机抽样入户调查，累计调查 7518 栋农居房屋，涵盖了北京地区典型的农居房屋结构类型。

昌平区、怀柔区、延庆区、平谷区都属于北京郊区，农村占比较多，朝阳区虽属城区，但也存在相当一部分城乡结合部和农村地区。参照《地震现场工作》（第 3 部分）：调查规范 GBT 18208—2011 房屋结构类型分类（表 2-1）并按照不同承重墙体材料，将北京地区农村民居分为钢筋混凝土结构、砖混结构（含底、内框结构）、砖木结构、土木结构、石结构。笔者为方便后期数据统计将房屋结构类型分为表 2-2 中 5 类，调查的 5 个区域农居结构类型占各区采样比见表2-3。由于农居房屋数据大多由基层非专业工作人员采集，笔者进行数据复核、录入和统计，数据可能存在些许偏差（图 2-1，图 2-2）。

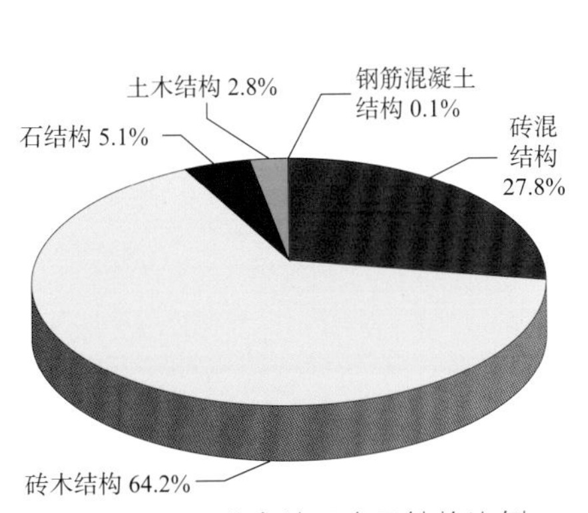

图 2-1　北京地区农居结构比例

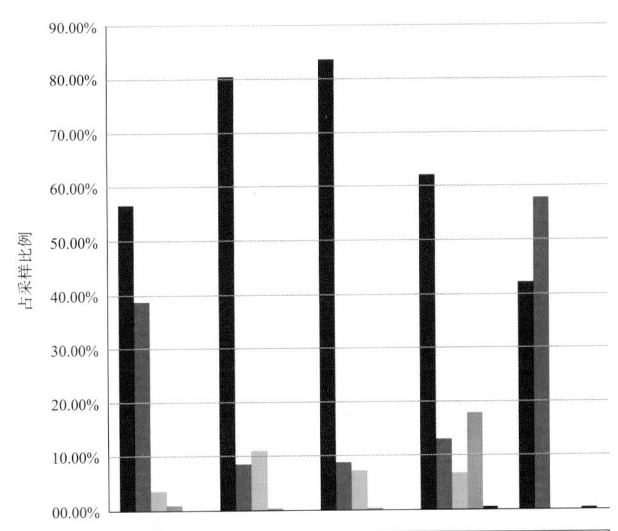

结构类型	昌平区	怀柔区	平谷区	延庆区	朝阳区
■砖木结构	56.70%	80.40%	83.60%	61.90%	42.10%
■砖混结构	38.70%	8.50%	8.90%	13.10%	57.70%
■石结构	3.60%	11.00%	7.30%	6.70%	0.00%
■土木结构	0.90%	0.10%	0.20%	17.90%	0.00%
■钢筋混凝土结构	0.00%	0.00%	0.00%	0.40%	0.20%

图 2-2　北京 5 个区域农居房屋结构比例

表 2-1 地震现场工作（第 3 部分）：调查规范 GB/T 18208—2011 推荐房屋结构类型分类

编号	描述
Ⅰ	钢结构房屋，包括多层和高层钢结构等
Ⅱ	钢筋混凝土房屋，包括高层高层钢筋混凝土框筒和筒中筒结构、剪力墙结构、框架剪力墙结构、多层和高层钢筋混凝土框架结构等
Ⅲ	砌体结构，包括多层砌体结构、多层底部框架结构、多层内框架结构、多层空斗墙砖结构、砖混平房等
Ⅳ	砖木结构，包括砖墙、木房架的多层砖木结构、砖木平房等
Ⅴ	土、木、石结构房屋，包括土墙木屋架的土坯房、砖柱土坯房、土坯窑洞、黄土崖土窑洞、木构架房屋（包括砖、土围护墙）、碎石（片石）砌筑房屋等
Ⅵ	工业厂房
Ⅶ	公共空旷房屋

表 2-2 房屋结构分类表

房屋结构序号	结构类型
1	钢筋混凝土结构
2	砖混结构
3	砖木结构
4	石结构
5	土木结构

表 2-3 北京 5 区农居结构类型占本区采样比情况表

采样区（采样数量）	钢筋混凝土结构数量（比例）	砖混结构数量（比例）	砖木结构数量（比例）	石结构数量（比例）	土木结构数量（比例）
昌平区（1773）	0	687（38.7%）	1006（56.7%）	64（3.6%）	16（0.9%）
怀柔区（955）	0	81（8.5%）	768（80.4%）	105（11.0%）	1（0.1%）
平谷区（1977）	0	176（8.9%）	1654（83.6%）	144（7.3%）	3（0.2%）
延庆区（1065）	4（0.4%）	140（13.1%）	659（61.9%）	71（6.7%）	191（17.9%）
朝阳区（1748）	3（0.2%）	1009（57.7%）	736（42.1%）	0（0%）	0（0%）
总计（7518）	7（0.1%）	2093（27.8%）	4823（64.2%）	384（5.1%）	211（2.8%）

2.1 钢筋混凝土结构

（1）承重体系。

钢筋混凝土结构是指用配有钢筋增强的混凝土制成的结构，由钢筋混凝土构件承重。通常情况下结构的墙体不承重，仅起围护和分隔作用，多采用预制的加气混凝土、膨胀珍珠岩的空心砖或多孔砖，浮石、蛭石、陶粒等轻质板材或普通砖等材料砌筑或装配而成。

据笔者调研团队了解，村镇地区钢筋混凝土结构多见于办公楼、学校、医院、公共建筑、别墅区等，农居房屋中极为罕见，2000年以后政府规划新农村建设中偶见钢筋混凝土结构新农居，多为2层以上民居。图2-3（a）右侧多层房屋为北京延庆某在建钢筋混凝土农居房屋，图2-3（b）为北京郊区某别墅区钢筋混凝土结构房屋，不属于农居建筑。

（a）在建钢筋混凝土结构农居

（b）北京郊区某别墅区钢筋混凝土结构房屋

图2-3 钢筋混凝土结构

（2）结构特点。

现浇钢筋混凝土框架结构平面布置灵活，自重较轻，节省材料，结构的整体性、刚度较好，抗震能力较强（图2-4）。

（a）整体外观示意图

（b）钢筋混凝土结构承重体系

（c）截面示意图

（d）截面示意图

图2-4 钢筋混凝土结构3D示意图

（3）震害特点。

钢筋混凝土结构整体抗震性能好，震害较轻，强烈地震一般对非结构构件（如填充墙、女儿墙或吊顶等）会造成一些破坏，其中钢筋混凝土框架结构的框架梁柱节点处应力集中显著，在强烈地震作用下易发生破坏（孙柏涛等，2014）。

2.2 砖混结构

（1）承重体系。

砖混结构是北京地区农居房屋应用较为广泛的结构类型之一，包括单层砖混结构、2层及多层砖混结构、多层底部框架结构、多层内部框架结构等。砖混结构由基础、承重墙体、楼盖屋盖、楼梯、附属构建和附属设施组成。

砖砌基础、毛石基础、混凝土基础是北京地区砖混结构农居较为常见的基础形式（图2-5），单层砖混结构基础埋深一般为0.5～1.5米，二层以上基础埋深约1.5～2米，多通过夯实法进行处理。

（a）混凝土基础

（b）砖基础

（c）毛石基础

图2-5 砖混结构基础

砖混结构承重墙体主要为普通烧结黏土砖通过水泥砂浆、石灰砂浆等实心砌筑。承重墙体厚度为370mm或240mm，也叫“三七墙”或“二四墙”，不同地区墙体厚度略有差异。

砖混结构屋盖多使用预制混凝土板、现浇钢筋混凝土屋盖，形式多见为平屋盖，少量轻型坡屋盖或平改坡屋盖，屋面材料有彩钢瓦、石棉瓦、彩钢板、合成树脂瓦等，如图2-6。

（a）预制混凝土板屋面

（b）现浇钢筋混凝土屋面

（c）彩钢板屋面

（d）彩钢瓦屋面

（e）石棉瓦屋面

图2-6 砖混结构房屋屋面

根据建筑年代 2000 年以前以 1 层建筑居多，3 ～ 5 间不等，单层高约 3 ～ 4 米，2000 年后 2 层、3 层等小楼较为普遍。

（2）结构特点。

砖混结构主要依靠砖墙承受竖向荷载与水平地震作用（图 2-7）。

（a）单层砖混结构外观示意图

（b）单层砖混结构截面图

（c）单层砖混结构截面图

（b）二层砖混结构外观示意图

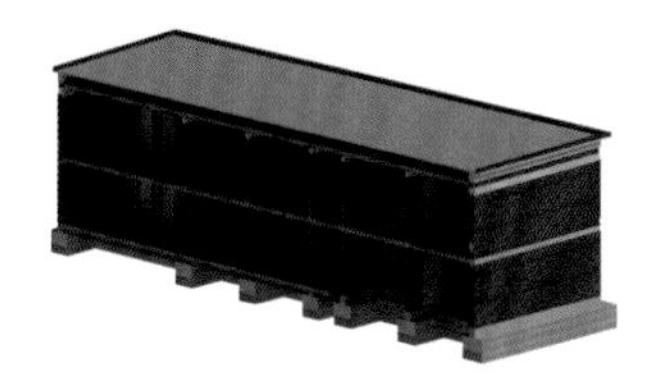

（e）二层砖混结构截面图

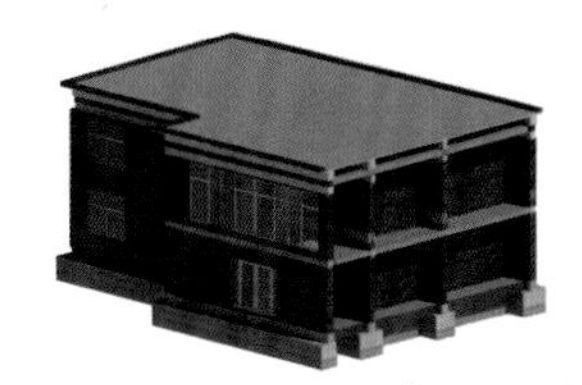

（f）二层砖混结构截面图

图 2-7　单层二层砖混结构 3D 示意图

（3）震害特点。

由于砖墙为脆性材料，延性较差，在地震作用下墙体可能发生剪切破坏、出现斜裂缝或 X 裂缝、屋檐处、外墙角上角部位开裂，纵墙连接处破坏、纵墙外闪塌落、基础破坏及附属构建的震损破坏，尤其未设置圈梁构造柱的砖砌体结构容易在地震作用下破坏更严重，甚至倒塌（葛学礼等，2014）。“5 · 12”汶川地震等实践证明，在农村地区的单层房屋设置上下混凝土圈梁和构造柱不仅能够增强结构的整体性，抵抗基础不均匀沉降，而且能够增强结构的整体抗震性能（栾桂汉等，2016）。调查表明，北京地区 20 世纪 90 年代以前建造的房屋基本不设圈梁构造柱（图 2-8）属于不设防砌体结构，随着经济的发展和农民防震减灾意识的提高，90 年代以后建设的房屋基本设置了圈梁，部分房屋设置了构造柱，但房屋的内外墙及纵横墙之间基本不设置拉结措施，如图 2-9 所示。

图 2-8　无圈梁无构造柱

（a）有基础圈梁和构造柱

（b）有基础圈梁和构造柱

（c）二层房屋有圈梁和构造柱

（d）二层房屋有圈梁和构造柱

（e）二层房屋有圈梁和构造柱

图 2-9 砖混结构抗震构造措施

除此之外一些私搭乱建行为也会影响房屋安全，在入户调查中发现许多农居院墙内部为利用院内空间多用铝合金框架搭建如图 2-10 所示顶棚和带玻璃窗小隔间，都由当地工匠自行设计安装，存在房屋安全隐患。

（a）户内搭玻璃隔间

（b）户内搭顶棚

（c）户内搭顶棚

图 2-10 农居户内搭建情况

2.3 砖木结构

（1）承重体系。

砖木结构在北京地区农居房屋中应用最为广泛，占比 60% 以上，尤其在较为偏远的农村地区占比更多。砖木结构的主要构建与砖混结构基本相同，二者的主要区别在于砖木结构通过木屋盖承担屋面荷载。

图 2-11 料石基础

砖木结构的基础和承重墙体与砖混结构基本相同，砖木结构中毛石、料石基础占比较多（图 2-11）。基础埋深约 0.5 ～ 1.5 米，承重墙体中烧结砖混合毛石、料石等不同材料在 90 年代以前建造的房屋中十分常见。从图 2-12 四张图中可以看出房屋横墙和背面纵墙墙体分别用烧结砖、青砖、毛石等不同材料混合水泥砂浆或石灰砂浆砌筑。房高约 2.8 ～ 4 米，3 ～ 5 间不等。

（a）青砖毛石混合墙体

（b）红砖毛石混合墙体

（c）红砖毛石混合墙体

（d）不同砖块混合墙体

图 2-12 砖木结构多种材料混合墙体

承担屋面荷载的木屋盖主要有三种形式：第一种是传统的“四梁八柱”木柱木屋架形式，屋檐外观明显可见木椽，北方地区称作“插飞”，且大部分模仿北方宫廷建筑中“雕梁画栋”

样式。第二种形式为无木柱的三角木屋架形式，在外观无法看到木构件，屋内可见三角木屋架，有木梁。第三种为硬山搁檩式，是直接将木檩放置于山墙上而不用梁的做法，这种形式在老旧房屋中可见。这几种形式都为人字形双坡面（图 2-13），屋面材料有片石、小青瓦、水泥瓦、陶土瓦。

（a）木柱木屋架，“插飞”样式

（b）木柱木屋架，小青瓦

（c）木柱木屋架，背侧面

（d）木柱木屋架，陶土瓦

（e）片石屋面

（f）三角木屋架，陶土瓦屋面

（g）有木梁式三角木屋架

（h）硬山搁檩

图 2-13 砖木结构不同形式屋架和屋面材料

（2）结构特点。

砖木结构空间分隔较方便，自重较轻，并且施工工艺简单，材料也比较单一，费用较低（图 2-14 至图 2-16）。

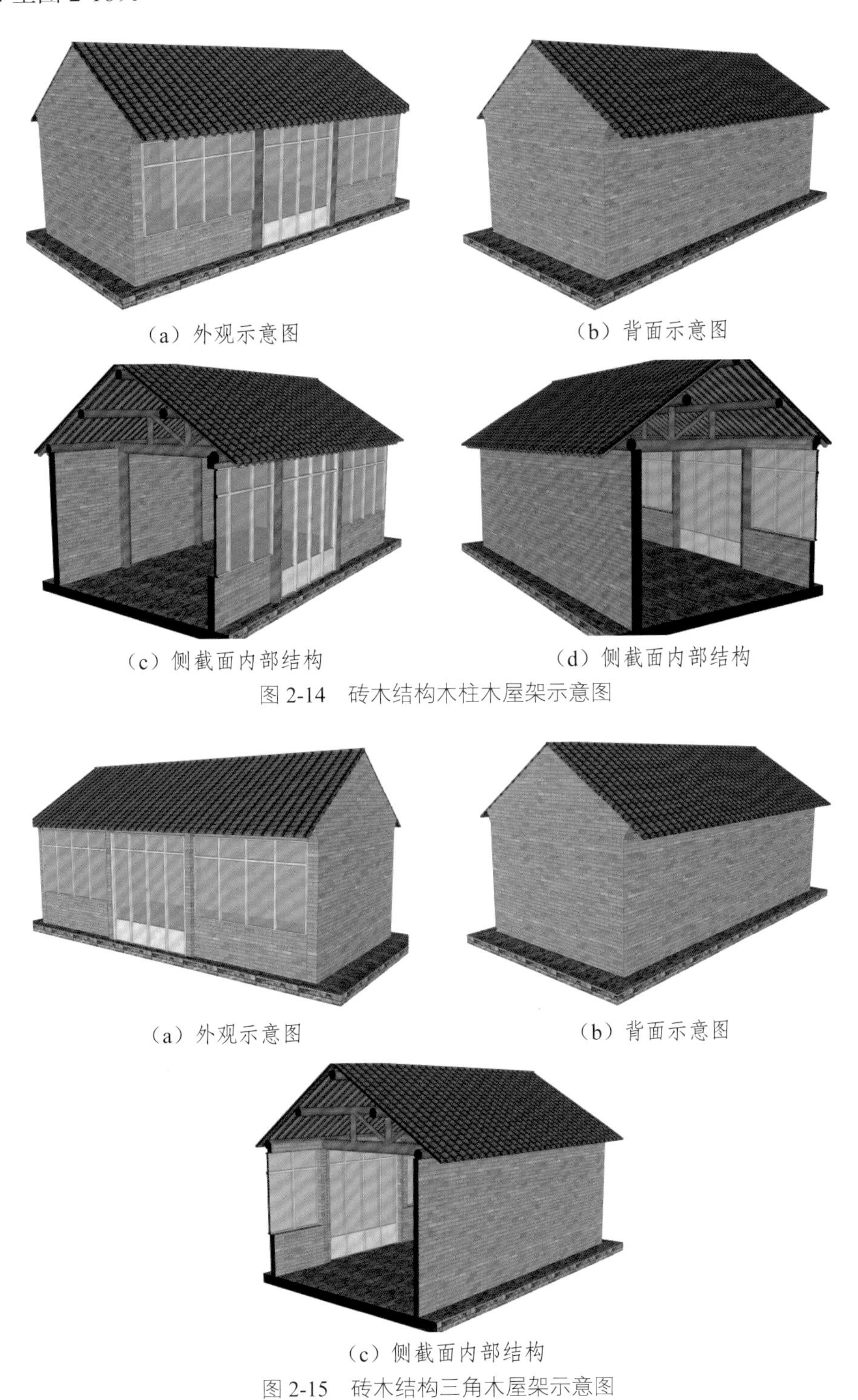

（a）外观示意图　（b）背面示意图

（c）侧截面内部结构　（d）侧截面内部结构

图 2-14　砖木结构木柱木屋架示意图

（a）外观示意图　（b）背面示意图

（c）侧截面内部结构

图 2-15　砖木结构三角木屋架示意图

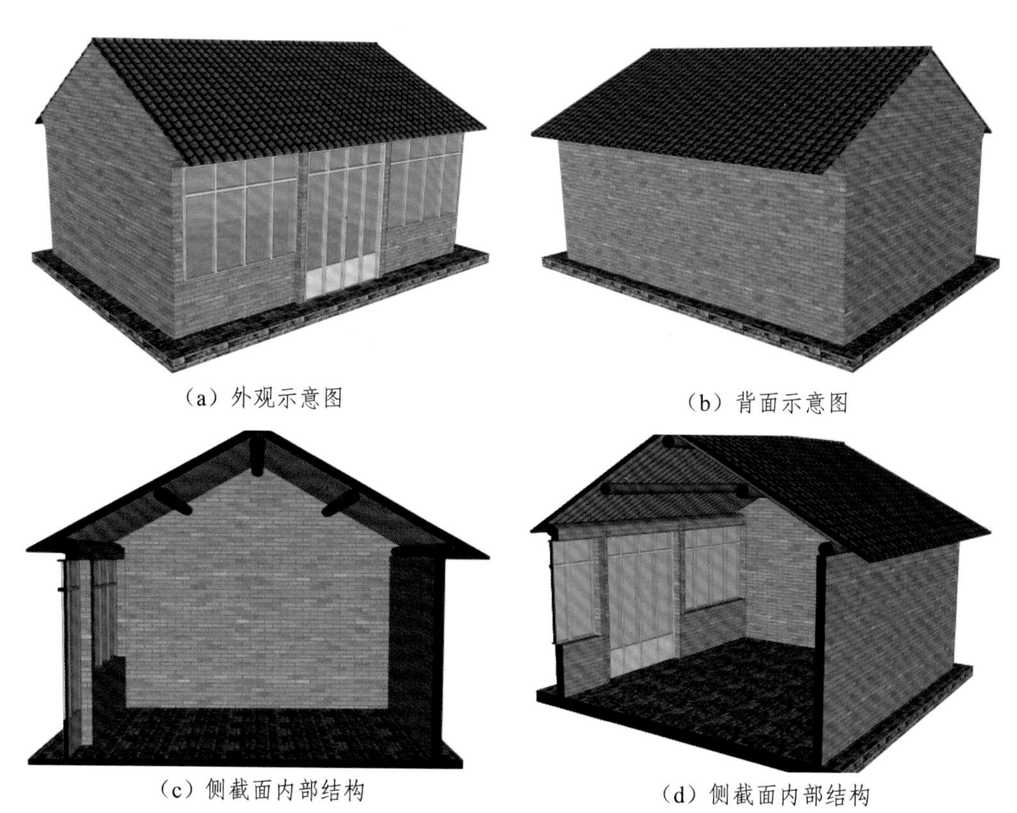

（a）外观示意图　　（b）背面示意图

（c）侧截面内部结构　　（d）侧截面内部结构

图 2-16　砖木结构三硬山搁檩示意图

（3）震害特点。

砖木结构采用木屋盖，在地震中顶层山墙易发生弯曲破坏，严重者山墙外闪，进而导致木屋盖塌落。

笔者在现场调查时发现，人字形屋架与墙体连接较少，且大多不牢靠（图 2-17），致使房屋的整体稳定性较差。民居中木屋架之间普遍拉结欠缺，不设连接杆件。瓦木屋架本身自重较大，对墙体的承压不均匀，且不对支撑点作处理，墙体因局部承压强度不足出现竖向裂缝（图 2-18），地震时易引起墙体严重破坏（卜永红，2013）。大部分砖木结构房屋建造年代在 20 世纪 70、80 年代，部分木构建常年暴露在外遭受环境侵蚀，在建造时未采取防腐和防虫措施，构建表面出现干裂、腐蚀和虫蚀现象，大大降低了构件的承载力，部分建筑的屋盖出现下陷变形（图 2-19），严重影响结构的抗震性能。除此，砖木结构前墙门洞普遍开窗过大，且未有有效过梁支撑，破坏承重体系（图 2-20）。

墙体砌筑方法不合理也是造成房屋震害的原因之一，图 2-12 中房屋墙体分别用不同材料砌筑，不同材料之间粘结性能差，特别是毛石形状和大小不规则，毛石与砖之间不能形成有效的整体，造成房屋整体性能差。

图 2-17 部分房屋木屋盖与墙体连接不牢靠

图 2-18 墙体竖向裂缝

图 2-19 屋面严重变形

图 2-20 开窗过大

2.4 土木结构

（1）承重体系。

土木结构在北京较为偏远的农村地区仍有一定的数量存在，建筑年代以 90 年代之前为主。土木结构的主要构建与砖木结构基本相同，二者的主要区别在于土木结构墙体为生土或生土混合少量石块或稻草秸秆堆砌，（图 2-21）房屋转角四周用砖砌筑，常见土墙外包砖或石的形式（俗称“两重皮”）（图 2-22），同样以木柱木屋架承担屋面荷载。基础以毛石基础多见，也有少量砖基础，埋深同砖木类似。

木屋架与砖木结构相似，多为人字形双坡面屋顶，部分区域以檩上搁椽、椽上铺草、草上盖瓦方式建造（图 2-23），房高约 2.8 ～ 3.5 米。

（a）正面

（b）背面

图 2-21　土木结构农居

（a）外石内土

（b）外砖内土

图 2-22　土木结构“两重皮”形式

图 2-23　铺草木屋架

（2）结构特点。

土木结构自重较重，施工工艺简单，就地取材，费用低廉（图 2-24）。

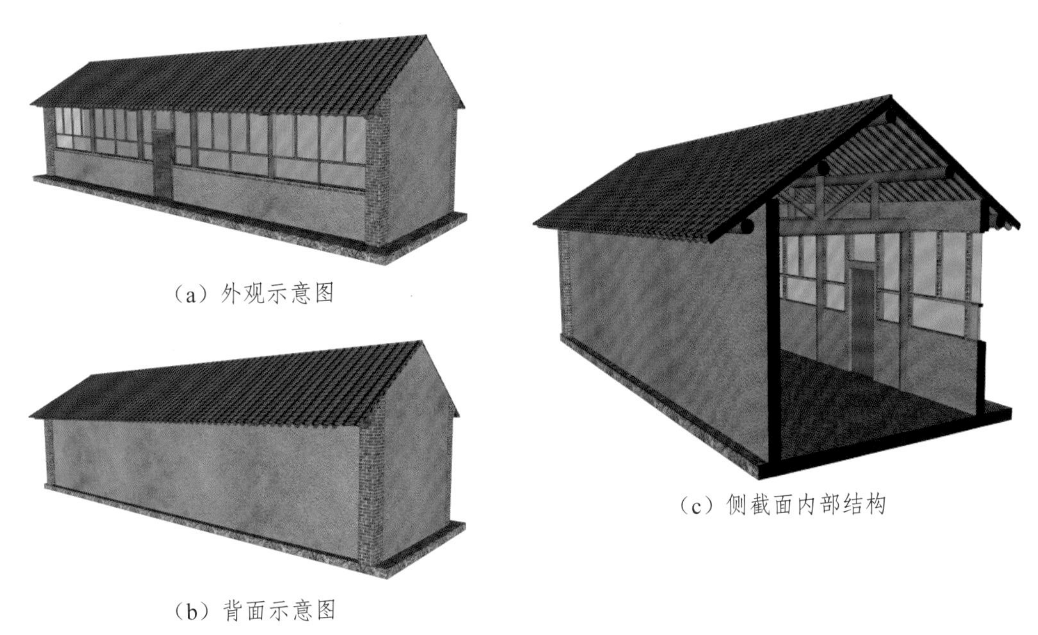

（a）外观示意图

（b）背面示意图

（c）侧截面内部结构

图 2-24 土木结构 3D 示意图

（3）震害特点。

土木结构房屋墙体材料本身强度低，易风化开裂，在水平地震作用下，山墙易倒塌破坏（葛学礼等，2014）。前墙门窗开洞过大，且未有过梁等有效支撑，屋盖处墙顶没有设置圈梁，屋盖与墙体、墙体与墙体无有效连接，连接不牢固（图 2-25），地震时墙体极易被拔出或外闪，造成墙体破坏或倒塌，Ⅶ度影响可致部分房屋承重墙体外闪倒塌、屋顶塌落或整体坍塌，此类房屋抗震性能差（马旭东等，2018）。

图 2-25 木屋架与墙体连接

2.5 石结构

（1）承重体系。

石结构承重形式常见有石墙承重，混合承重。多见以石墙作为竖向承重构建，屋盖采用木屋架承担屋面荷载的结构形式，屋架上布置檩条用来铺设屋面材料或采用装配式或现浇式混凝土板承受屋面荷载结构形式（卜永红，2013）。

从严格意义上讲北京地区只存在极少数标准意义上的石结构农居，因农民建造房屋时一般就地取材随意性较大，更多的是毛石与烧结砖混合承重，屋盖与土木结构类似（图 2-26、2-27），有的甚至与土木结构和砖木结构混合建造，墙体转角用烧结砖砌筑中间部分为毛石，或出现内土外石 / 砖等“两重皮”现象，也会给调查人员的判断造成一定混淆。石结构房屋普遍比砖木砖混等房屋低矮，房高约 2.7 ～ 3.5 米。

石结构基础基本以毛石基础为主，埋深约 0.5 ～ 1 米，多以毛石混合水泥砂浆、生土或其他粘结剂粘结，但也有部分毛石基础采用干垒的方式建造（图 2-28），石块之间缺乏有效连接难以形成整体，易造成较大的不均匀沉降，地震时极易垮掉（卜永红，2013）。

图 2-26 石块承重墙体

图 2-27 石块干垒墙体

图 2-28 毛石基础干垒

（2）结构特点。

石材料自身自重大，脆性较大，抗弯、抗剪能力极差，在地震水平荷载作用下，抵抗冲击能力非常脆弱（图 2-29）。

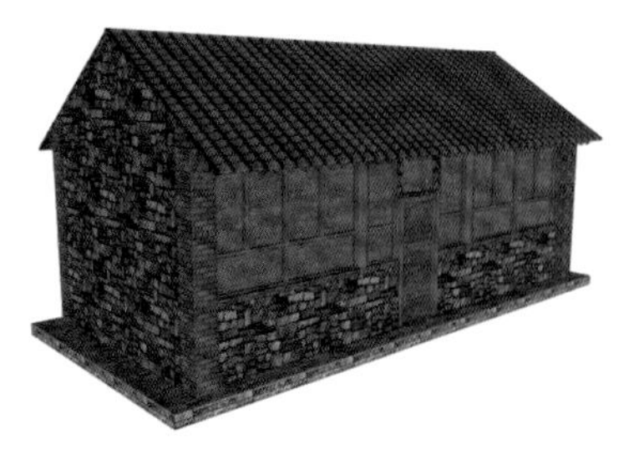
（a）外观示意图

（b）背面示意图

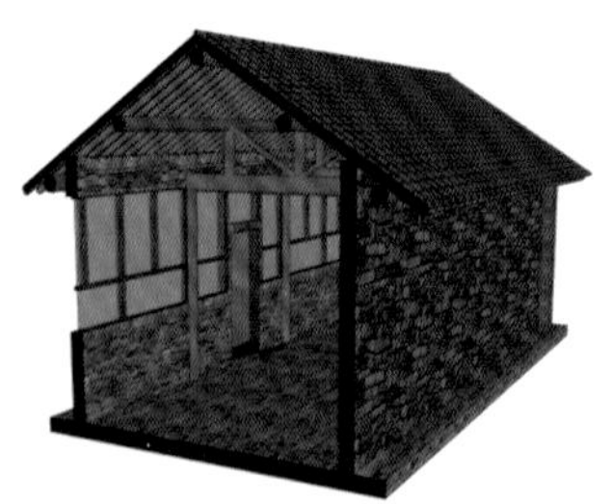
（c）侧截面内部结构

图 2-29 石结构 3D 示意图

（3）震害特点。

石结构墙体堆砌较随意，有部分碎石填充基本无抗震措施，墙体通常不设置拉结石，石块之间连接较差，无法形成整体，地震时墙体极易倒塌。石材料自身自重大，脆性较大，抗弯、抗剪能力极差，在地震水平荷载作用下，抵抗冲击能力非常脆弱，可瞬间全部破坏（卜永红，2013）。汶川地震等灾害调查表明，石墙房屋震害较严重，在同样的地震烈度下，破坏和倒塌的比例较高，与生土房屋相当（葛学礼，2014）。

北京地区石结构房屋墙体大多是与烧结砖混合砌筑的，由于毛石形状不规则，采用毛石砌筑墙体时墙体转角基本都用烧结砖进行砌筑，毛石之前采用砂浆进行勾缝处理。毛石和砖的形状有差异，导致在砌筑时二者之间不能很好的搭接，随着时间的推移，二者之间会逐渐出现开裂现象（栾桂汉等，2016）。这在建造时间较早的砖木结构和石结构房屋承重墙体中较为明显，如图 2-30 所示。

（a）青砖与毛石混合墙体衔接处开裂

（b）青砖与毛石混合墙体衔接处开裂

（c）青砖与毛石混合墙体衔接处开裂

图 2-30　石结构墙体开裂

2.6　其他附属结构

除此，影响抗震性能的其他附属结构包括女儿墙、烟囱、围墙等。女儿墙在单层或多层砖混结构农居中皆有（图 2-31），一般与建筑主体没有拉结措施，因此不宜设置过高，否则在地震中易倒塌坠落。

大多数农居房屋中烟囱高出房屋很多（图 2-32），与建筑主体没有拉结措施，在地震中会产生鞭梢效应。

围墙的形式较为多样，有砖墙、石墙、生土墙或多种材料混合墙体，围墙与主体建筑之间缺乏有效拉结措施，且大多粘结强度不够或砂浆涂抹不饱满（图 2-33），地震时易导致墙体坍塌。

（a）一层砖混女儿墙

（b）二层砖混女儿墙

图 2-31 女儿墙

（a）屋顶烟囱

（b）横墙烟囱

图 2-32 烟囱

（a）围墙与建筑主体连接差，砂浆不饱满

（b）石块围墙无粘结

图 2-33 墙体连接

2.7 调查统计方式

我国建筑抗震设计规范共经历了五个阶段，第一阶段，1977 年由建筑科学院主编的《工业与民用建筑抗震鉴定标准》TJ23—77 成为我国第一个正式批准的抗震鉴定标准。第二阶段以《建筑抗震设计规范》GBJ11—89 为代表，第三阶段是《建筑抗震设计规范》GB50011—2001，第四阶段是 2008 年“5·12”汶川地震后对《建筑抗震设计规范》GB50011—2001 作了局部修订，成为《建筑抗震设计规范》GB50011—2001（2008 版本），第五阶段是《建筑抗震设计规范》GB50011—2010（罗开海，2015）。

根据建筑抗震设计规范的 5 个版本，本书将北京地区农居房屋建造年代分为 20 世纪 70 年代以前、20 世纪 70—80 年代、20 世纪 90 年代至 2000 年、2000—2010 年、2010 年以后 5 个时间段进行统计分析。分别从不同的年代展现不同结构类型农居房屋分布情况、建造措施、现存状态等，从而对北京地区农居房屋抗震性能有大致的了解。

第3章 昌平区典型农居结构调查

昌平区位于北京西北部，北与延庆区、怀柔区相连，东邻顺义区南与朝阳区、海淀区毗邻，西与门头沟区和河北省怀来县接壤，介于东经 115°50′17″ ～ 116°29′49″、北纬 40°2′18″ ～ 40°23′13″ 之间，区域面积 1343.5 平方千米，现辖 8 个街道、14 个镇，常住人口 210.8 万人。昌平是北京的新城和科教新区，是首都西北部生态屏障，是拥有 6000 年文明史、2000 年建置史的昌盛平安之地，是坐拥明十三陵、居庸关两大世界文化遗产的文化旅游名区，是致力全国科技创新中心主平台建设、服务首都高质量发展的创新活力之城。

昌平区地势西北高、东南低，北倚军都山，南俯北京城。山地海拔 800 ～ 1000 米，平原海拔 30 ～ 100 米。60% 的面积是山区，40% 是平原，有 2 个国家级森林公园，是北京母亲河——温榆河的发源地。

3.1 昌平区行政区划（图 3-1）

昌平区域面积 1343.5 平方千米，根据国家统计局官网和北京市昌平区人民政府官网提供信息，截至 2020 年 3 月，昌平区辖 8 个街道、14 个镇，4 个地区（表 3-1），常住人口 216.6 万人。

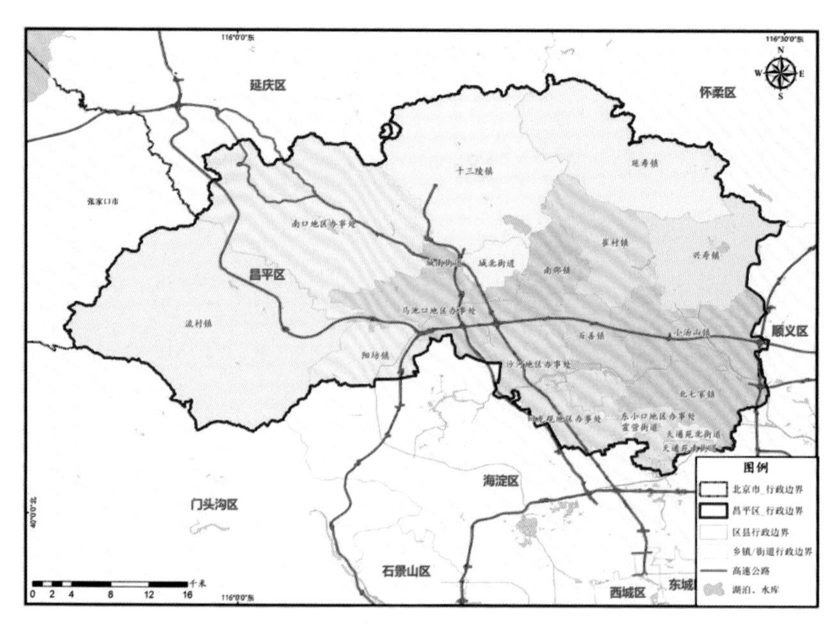

图 3-1 北京市昌平区行政区划图

表 3-1 昌平区辖区概况表

昌平区辖区概况					
街道	城北街道	城南街道	天通苑北街道	天通苑南街道	霍营街道
	回龙观街道	龙泽园街道	史各庄街道		
地区	南口地区	马池口地区	沙河地区	东小口地区	
镇	南口镇	阳坊镇	十三陵镇	南邵镇	兴寿镇
	马池口镇	流村镇	长陵镇	崔村镇	小汤山镇
	百善镇	沙河镇	延寿镇	北七家镇	

3.2 昌平区现场调查农居房屋结构情况

笔者等人在昌平区抽样调查了 1173 栋房屋，涉及 2 个街道、11 个镇、3 个地区，本区典型的建筑结构类型有砖混结构、砖木结构、石结构、土木结构，各种结构类型占昌平区采样比见表 3-2。

表 3-2 昌平区农居结构类型占本区采样比情况表

房屋结构	数量（占本区采样比）
钢筋混凝土结构	0（0%）
砖混结构	687（38.7%）
砖木结构	1006（56.7%）
石结构	64（3.6%）
土木结构	16（0.9%）

3.3 昌平区砖混结构农居

昌平区砖混结构占全区采样比第二，共 687 栋占比为 38.7%，按不同建造年代分类见表 3-3。

表 3-3 昌平区砖混结构房屋不同年代占比情况表

房屋结构（数量）	建造年代	房屋类型	数量（占同类采样比）	抗震加固	墙体承重	占本区采样比
砖混结构（687）	20 世纪 70 年代以前	/	0（%）	/	/	38.7%
	20 世纪 70—80 年代	1 层	41（5.9%）	否	砖墙	
	20 世纪 90 年代至 2000 年	1 ～ 3 层	179（26.1%）	否	砖墙	
	2000—2010 年	1 ～ 3 层	151（22.0%）	否	砖墙	
	2010 年以后	1 ～ 3 层	316（46.0%）	否	砖墙	

（1）20 世纪 70—80 年代砖混结构。

20 世纪 70—80 年代砖混结构房屋数量较少，门窗以木框、铁框多见，屋盖以预制混凝土板平屋顶为主，基本不设置圈梁构造柱（图 3-2，图 3-3）。

图 3-2　20 世纪 70—80 年代砖混结构农居正面（有女儿墙）

（a）正面　　（b）侧面，有女儿墙

图 3-3　20 世纪 70—80 年代砖混结构农居

（2）20 世纪 90 年代至 2000 年砖混结构

90 年代至 2000 年砖混结构从外观上看保存较新，多用铝合金或塑钢门窗，预制混凝土板或现浇混凝土屋盖平屋顶，部分单层房屋有基础圈梁，但构造柱较少见，多层房屋一般都设有圈梁和构造柱（图 3-4 至图 3-8）。

（a）侧面

（b）背侧面

（c）围墙

图 3-4　20 世纪 90 年代至 2000 年砖混结构农居

图 3-5　20 世纪 90 年代至 2000 年单层砖混结构农居正面

图 3-6　20 世纪 90 年代至 2000 年二层砖混结构农居（前部一层有晒台 / 女儿墙）

（a）正面

（b）正侧面

（c）侧面

图 3-7　20 世纪 90 年代至 2000 年二层砖混结构农居

图 3-8　20 世纪 90 年代至 2000 年三层砖混结构农居正面

（3）2000—2010 年砖混结构。

2000 年以后，二层砖混结构房屋十分普遍，外观样式较新颖（图 3-9 至图 3-13）。

（a）正面

（b）侧面

图 3-9　2000—2010 年单层砖混结构农居

图3-10 2000—2010年单层砖混结构农居正面

（a）正面

（b）背侧面

（c）背面

图3-11 2000—2010年二层砖混结构农居一

（a）正面

（b）正侧面

（c）背面

图3-12 2000—2010年二层砖混结构农居二

（a）正面

（b）围墙

图 3-13 2000—2010 年二层砖混结构农居三

（4）2010 年以后砖混结构。

2010 年以后砖混结构以 2 ～ 3 层楼房为主，基本都设置了圈梁和构造柱，部分多层房屋每层均设置圈梁（图 3-14 至图 3-19）。

（a）正面

（b）侧面

图 3-14 2010 年以后单层砖混结构农居

（a）正侧面

（b）正面

（c）正面

图 3-15 2010 年以后二层砖混结构农居一

（b）内侧面

（a）正面 （c）外侧面

图 3-16 2010 年以后二层砖混结构农居二

（b）正面

（a）正侧面 （c）正侧面

图 3-17 2010 年以后二层砖混结构农居三

图 3-18 2010 年以后二层砖混结构农居正面

（a）正面

（b）背面

图 3-19 2010 年以后三层砖混结构农居

3.4 昌平区砖木结构农居

昌平区砖木结构占全区采样比第一，共 1006 栋，占比 56.7%，按不同建造年代分类见表 3-4。砖木结构基本为无圈梁无构造柱的不设防结构。

表 3-4 昌平区砖木结构房屋不同年代占比情况表

房屋结构（数量）	建造年代	房屋类型	数量（占同类采样比）	抗震加固	墙体承重	占本区采样比
砖木结构（1006）	20 世纪 70 年代以前	1 层	29（2.9%）	否	砖墙，砖石混合墙体	56.7%
	20 世纪 70—80 年代	1 层	287（28.5%）	否	砖墙，砖石混合墙体	
	20 世纪 90 年代至 2000 年	1 层	339（33.7%）	否	砖墙	
	2000—2010 年	1 层	319（31.7%）	否	砖墙	
	2010 年以后	1 层、2 层	32（3.2%）	否	砖墙	

（1）20 世纪 70 年代以前砖木结构。

20 世纪 70 年代砖木结构承重墙体用烧结砖和毛石材料混合砌筑较多见，存在连接处开裂隐患。外部木柱等经长时间风化腐蚀存在开裂情况（图 3-20 至图 3-31）。

（a）正面

（b）正面

图 3-20　20 世纪 70 年代以前砖木结构农居一

（a）正面

（b）正面

图 3-21　20 世纪 70 年代以前砖木结构农居二

图 3-22　20 世纪 70 年代以前砖木结构农居三

（2）20 世纪 70—80 年代砖木结构。

进入 20 世纪 70、80 年代，砖木结构成为当时农村民居的主要形式。

（a）正面

（b）正面

图 3-23 20 世纪 70—80 年代砖木结构农居一

图 3-24 20 世纪 70—80 年代砖木结构农居正面一

图 3-25 20 世纪 70—80 年代砖木结构农居正面二

（a）正面

（b）背面

图 3-26　20 世纪 70—80 年代砖木结构农居二

（a）正面

（b）侧面和院墙

图 3-27　20 世纪 70—80 年代砖木结构农居三

（a）正面

（b）正面

图 3-28　20 世纪 70—80 年代砖木结构农居四

（a）正面

（b）正面

图 3-29 20 世纪 70—80 年代砖木结构农居五

（a）正面

（b）院墙

（c）院墙

图 3-30 20 世纪 70—80 年代砖木结构农居六

（a）正侧面

（b）侧面

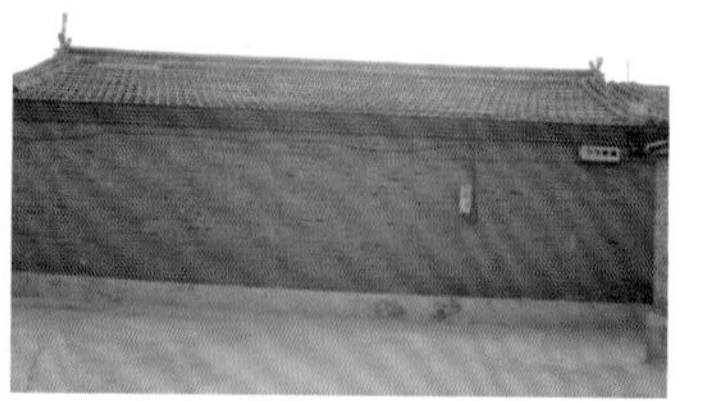
（c）背面

图 3-31 20 世纪 70—80 年代砖木结构农居七

（3）20世纪90年代至2000年砖木结构（图3-32至图3-38）。

（a）正面

（b）背侧面

（c）侧面

图3-32　20世纪90年代至2000年砖木结构农居一

（a）正面

（b）正面

图3-33　20世纪90年代至2000年砖木结构农居二

（a）正面

（b）侧面

图3-34　20世纪90年代至2000年砖木结构农居三

（a）正面

（b）院墙

图 3-35 20 世纪 90 年代至 2000 年砖木结构农居四

（a）正面

（b）侧面

图 3-36 20 世纪 90 年代至 2000 年砖木结构农居五

（a）正面

（b）侧面

图 3-37 20 世纪 90 年代至 2000 年砖木结构农居六

图 3-38 20 世纪 90 年代至 2000 年砖木结构农居正面

（4）2000—2010 年砖木结构。

2000 年以后砖木结构多见三角木屋架形式，外部无木柱木椽，内部基本都装修吊顶无法直观看到木屋架（图 3-39 至图 3-42）。

（a）正面

（b）侧面

图 3-39 2000—2010 年砖木结构农居一

（a）正面

（b）背面

图 3-40 2000—2010 年砖木结构农居二

(a) 侧面

(b) 院墙

(d) 背面

图 3-41 2000—2010 年砖木结构农居三

(a) 正面

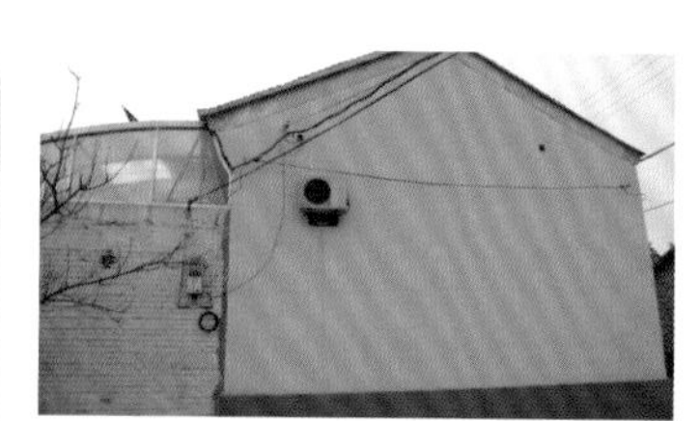

(b) 侧面

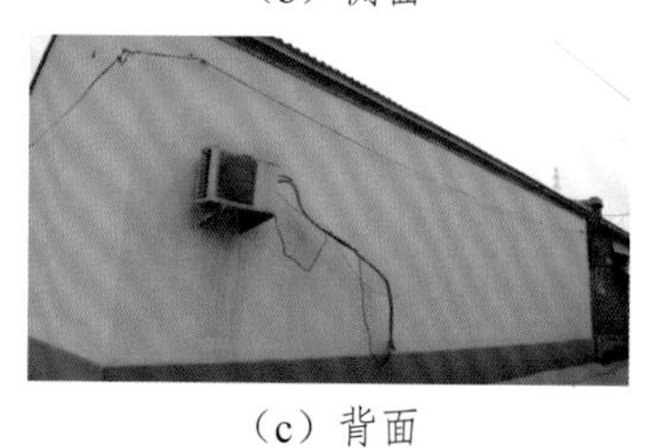

(c) 背面

图 3-42 2000—2010 年砖木结构农居四

(5) 2010 年以后砖木结构。

2010 年以后砖木结构仍有一定比例，但整体数量有显著下降趋势（图 3-43 至图 3-45）。

(a) 正面

(b) 侧面

图 3-43 2010 年以后砖木结构农居一

图 3-44　2010 年以后砖木结构农居正面

（a）正面

（b）院墙

（c）院墙

图 3-45　2010 年以后砖木结构农居二

3.5　昌平区石结构农居

昌平区石结构房屋不同年代占比情况见表 3-5。

表 3-5 昌平区石结构房屋不同年代占比情况表

房屋结构	建造年代	房屋类型	数量（占同类采样比）	抗震加固	墙体承重	占本区采样比
石结构（64）	20 世纪 70 年代以前	1 层	10（15.6%）	否	石墙，石砖混合墙体	3.6%
	20 世纪 70—80 年代	1 层	54（84.4%）	否	石墙，石砖混合墙体	
	20 世纪 90 年代至 2000 年	/	0	/	/	
	2000—2010 年	/	0	/	/	
	2010 年以后	/	0	/	/	

昌平区典型的石结构农居较少见，以石块砖块混合砌筑承重墙体多见。

（1）20 世纪 70 年代以前石结构建筑。

图 3-49 20 世纪 70 年代以前石结构农居背侧面

（2）20 世纪 70—80 年代石结构。

（a）背面一

（b）背面二

（c）背面三

图 3-50 20 世纪 70—80 年代石结构农居背面

图3-49、图3-50（a）和图3-50（b）墙体均有开裂。

3.6 昌平区土木结构农居

昌平区土木结构房屋不同年代占比情况见表3-6。

表3-6 昌平区土木结构房屋不同年代占比情况表

房屋结构（数量）	建造年代	房屋类型	数量（占同类采样比）	抗震加固	墙体承重	占本区采样比
土木结构（16）	20世纪70年代以前	1层	5（31.2%）	否	生土墙，生土、石块混合墙体	0.9%
	20世纪70—80年代	1层	11（68.8%）	否	生土墙，生土、砖、石块混合墙体	
	20世纪90年代至2000年	/	0%	/	/	
	2000—2010年	/	0%	/	/	
	2010以后	/	0%	/	/	

在昌平区采样建筑中土木结构农居较少，基本为一些废弃或堆放杂物的破旧房屋或墙体，用于居住民居的几乎没有，如图3-51、图3-52为石块、生土、砖混合墙体。

（1）20世纪70年代以前土木结构（图略）。

（2）20世纪70—80年代土木结构。

图3-51 石块、生土混合墙体

图3-52 石块、生土、砖混合墙体

第4章 怀柔区典型农居结构调查

怀柔区位于北京城区东北部，位于东经116°17′～116°53′，北纬40°41′～41°4′之间，为北京市郊区县之一，距市区50千米，距首都机场32千米，东靠密云，南连顺义，西和昌平、延庆为邻，北与河北省丰宁、滦平、赤城三县接壤。全区总面积2122.8平方千米，其中山区面积占89%，是全市面积第二大区。

怀柔境内多山，明代弘治年间大学士谢迁曾说："怀柔为邑，崇岗叠嶂，绵亘千里"。全区山区面积占总面积的89%。境内绵延起伏的群山中，有名称的山峰500座，海拔在1000米以上的有24座。京北著名的高山黑坨山，海拔1533.9米；位于喇叭沟门满族乡的南猴顶山，海拔1705米，为全区第一高峰，这些莽莽苍苍、连绵不断的山地，是首都北京的绿色长城、天然屏障。

区内不仅山地广大，而且河泉众多，水源丰富，水质优良。全区有属于潮白河、北运河两个水系的白河、汤河、天河、琉璃河、怀沙河、怀九河、雁栖河、白浪河等4级以上河流17条；山泉774处，其中有珍珠泉、莲花泉、龙潭泉等涌量稳定的山泉261处；日夜奔流不息的河泉流向京郊东南，与京郊其他水系一起形成广袤无垠的洪积冲积扇平原。

4.1 怀柔区行政区划（图4-1）

根据怀柔区人民政府官网和国家统计局官网数据显示，截至2020年怀柔区辖2个街道、3个地区、9个镇、2个乡、1个经济开发区（见表4-1）。2019年末全区共284个行政村、35个社区，常住人口42.2万人。

表4-1 怀柔区辖区概况表

怀柔区辖区概况					
街道	泉河街道	龙山街道			
地区	怀柔地区	雁栖地区	庙城地区		
镇	北房镇	杨宋镇	桥梓镇	怀北镇	汤河口镇
	渤海镇	九渡河镇	琉璃庙镇	宝山镇	
乡	长哨营满族乡	喇叭沟门满族乡			
经济开发区	北京雁栖经济开发区				

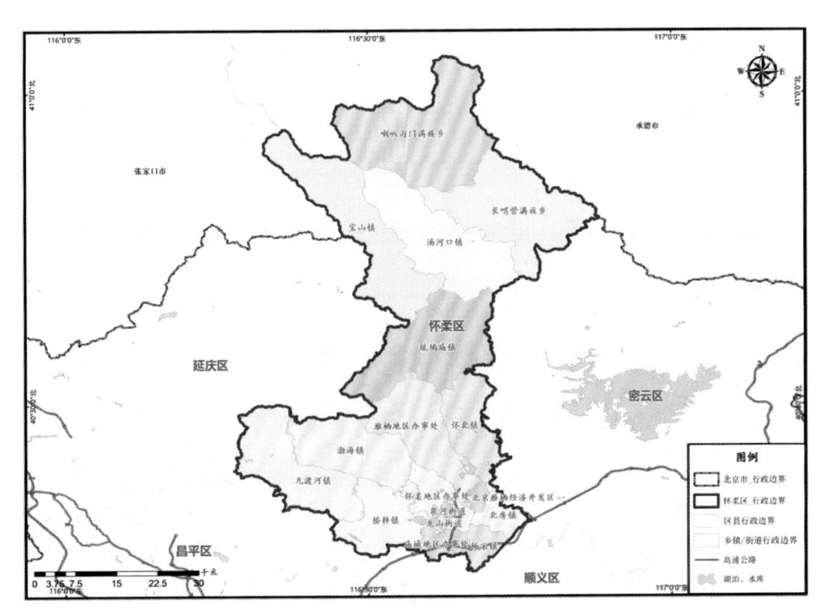

图 4-1　北京市怀柔区行政区划图

4.2　怀柔区现场调查农居房屋结构情况

笔者等人在怀柔区抽样调查 955 栋房屋涉及 6 个镇、3 个地区、1 个乡，本地区典型的建筑结构类型有砖混结构、砖木结构、钢筋混凝土结构、石结构，各种结构占采样比如表 4-2。

表 4-2　怀柔区农居结构类型占本区采样比情况表

房屋结构	数量（占本区采样比）
钢筋混凝土结构	0（0%）
砖混结构	81（8.5 %）
砖木结构	768（80.4%）
石结构	105（11.0%）
土木结构	1（0.1%）

4.3　怀柔区砖混结构农居

怀柔区砖混结构占比较少，仅为 8.5%，不同年代占比情况见表 4-3。

表 4-3 怀柔区砖混结构房屋不同年代占比情况表

房屋结构（数量）	建造年代	房屋类型	数量（占同类采样比）	抗震加固	墙体承重	占本区采样比
砖混结构（81）	20 世纪 70 年代以前	/	0	/	/	8.5%
	20 世纪 70—80 年代	1 层	17（21.0%）	否	砖墙	
	20 世纪 90 年代至 2000 年	1 层，少量 2 层	11（13.6%）	否	砖墙	
	2000—2010 年	1 层	17（21.0%）	否	砖墙	
	2010 年以后	1 ～ 2 层	36（44.4%）	否	砖墙	

（1）20 世纪 70—80 年代砖混结构（图略）。

（2）20 世纪 90 年代至 2000 年砖混结构（图 4-5）。

（a）正面

（b）背侧面

（c）侧面

图 4-5 20 世纪 90 年代至 2000 年单层砖混结构农居

（3）2000—2010 年砖混结构。

（a）正面

（b）外部围墙

图 4-6 2000—2010 年砖混结构农居

（4）2010 年以后砖混结构。

2010 年以后砖混结构农居房屋增长较多，不少农民在自家南房新建砖混结构房屋，而北房则保留原砖木等老房（图 4-7），也有部分贫困户享受到了北京农村危房改造政策，在原址重新建造了新房（图 4-8 至图 4-10）。

（a）原址南房新建　（b）二层多为简易房屋

图 4-7　2010 年以后砖混结构农居一

（a）原址重建

（b）正面

（c）外部围墙

图 4-8　2010 年以后砖混结构农居二

图 4-9　2010 年以后砖砌体结构农居正面

（a）正侧面

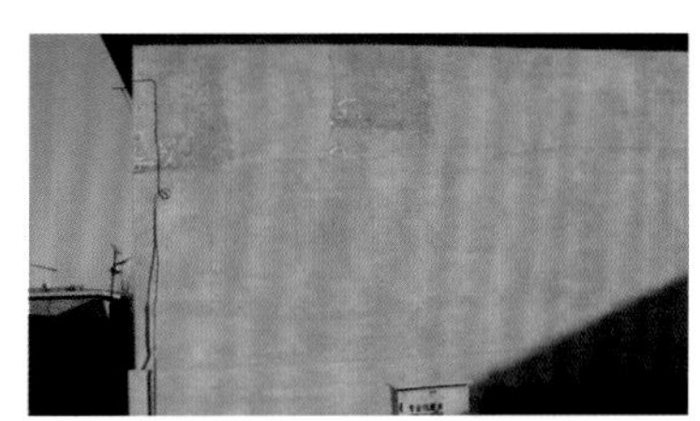
（b）侧面

（c）背面

图 4-10　2010 年以后砖混结构农居三

4.4　怀柔区砖木结构农居

因地理环境、经济发展等因素，怀柔区砖木结构占全区采样比第一，为 80.4%，不同年代占比情况详见表 4-4。

表 4-4　怀柔区砖木结构房屋不同年代占比情况表

房屋结构（数量）	建造年代	房屋类型	数量（占同类采样比）	抗震加固	墙体承重	占本区采样比
砖木结构（768）	20 世纪 70 年代以前	1 层	23（3.0%）	否	砖墙	80.4%
	20 世纪 70—80 年代	1 层	380（49.5%）	否	砖墙	
	20 世纪 90 年代至 2000 年	1 层	233（30.3%）	否	砖墙	
	2000—2010 年	1 层	100（13.0%）	否	砖墙	
	2010 年以后	1 层	32（4.2%）	否	砖墙	

（1）20 世纪 70 年代以前砖木结构。

怀柔区采样房屋中砖木结构以三角木屋架形式较多。

(a) 正面

(b) 侧面

(c) 院墙

图 4-11 70 年代以前砖木结构农居

(2) 20 世纪 70—80 年代砖木结构。

20 世纪 70—80 年代砖木结构数量最多，为 49.5%，三角木屋架和木柱木屋架形式皆有(图 4-12 至图 4-15)。墙体同样存在烧结砖混合毛石材料的情况，见图 4-13 (c)。

(a) 正面

(b) 背侧面

(c) 侧面

图 4-12 20 世纪 70—80 年代砖木结构农居一

（a）正面

（b）侧面

（c）背侧面

图 4-13　20 世纪 70—80 年代砖木结构农居二

（a）正面

（c）背侧面

（b）侧面

图 4-14　20 世纪 70—80 年代砖木结构农居三

（a）正面

（b）侧面

（c）背面

图 4-15　20 世纪 70—80 年代砖木结构农居四

（3）20世纪90年代至2000年砖木结构（图4-16）。

（a）正面

（b）侧面

（c）背面

图4-16　20世纪90年代至2000年砖木结构农居

（4）2000—2010年砖木结构（图4-17至图4-19）。

（a）正面

（b）侧面

图4-17　2000—2010年砖木结构农居一

（a）正面

（b）侧面

（c）背面

图4-18　2000—2010年砖木结构农居二

(a) 正面

(b) 侧面

(c) 背面

图 4-19　2000—2010 年砖木结构农居三

（5）2010 年以后砖木结构（图 4-20，图 4-21）。

(a) 正面

(b) 侧面

图 4-20　2010 年以后砖木结构农居一

(a) 正面

(b) 侧面

(c) 背侧面

图 4-21　2010 年以后砖木结构农居二

4.5 怀柔区石结构农居

同样，从严格意义上讲怀柔区也不存在标准意义上的石结构农居，多数情况是石块墙体与砖木结构混合建造，仅以石块占比更多为分类标准（表4-5）。

表4-5 怀柔区石结构农居占比情况表

房屋结构（数量）	建造年代	房屋类型	数量占同类采样比	抗震加固	墙体承重	占本区采样比
石结构（105）	20世纪70年代以前	1层	12（11.4%）	否	石墙，石砖混合墙体	11.0%
	20世纪70—80年代	1层	88（83.8%）	否	石墙，石砖混合墙体	
	20世纪90年代至2000年	1层	3（2.8%）	否	石墙，石砖混合墙体	
	2000—2010年	/	0%	/	/	
	2010年以后	/	0%	/	/	

（1）20世纪70年代以前石结构（图4-22，图4-23）。

（a）毛石墙体与料石基础

（b）侧面

（c）背面

图4-22 20世纪70年代以前石结构农居一

(a) 正面

(b) 背侧面

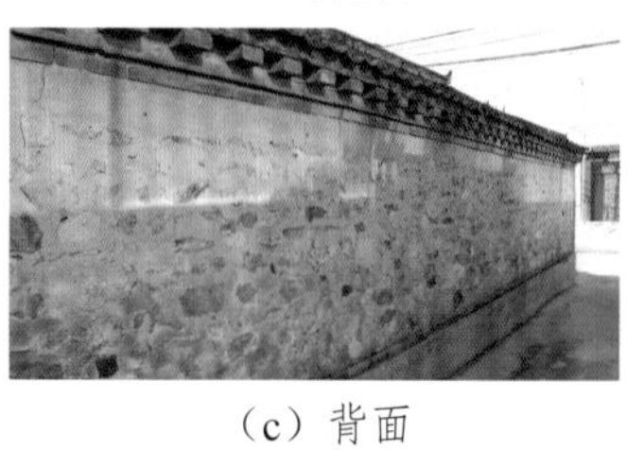

(c) 背面

图 4-23　20 世纪 70 年代以前石结构农居二

（2）20 世纪 70—80 年代石结构（图 4-24 至图 4-26）。

(a) 正面

(b) 侧面

(c) 背面

图 4-24　20 世纪 70—80 年代石结构农居一

(a) 正面

(b) 侧面

(c) 背侧面

图 4-25　20 世纪 70—80 年代石结构农居二

(a) 正面

(b) 背面

(c) 侧面

图 4-26 20 世纪 70—80 年代石结构农居三

图 4-24（a）中正面墙体内部是土坯，外部涂抹了白色涂料，是“两重皮”结构。图 4-25（a）和 4-26（a）中正面墙体石块圆润铺设平整规律与背侧承重墙体的石块明显不同，可见并非整个石块堆砌，而是在土墙外贴了石片，也算“两重皮”，但房屋的山墙和背面纵墙都以毛石居多，根据建筑材料将其划分为石结构。

（3）20 世纪 90 年代至 2000 年石结构（图 4-27）。

(a) 正面

(b) 侧面

(c) 背侧面

图 4-27 20 世纪 90 年代至 2000 年石结构农居

4.6 怀柔区土木结构农居

怀柔区土木结构农居不同年代占比情况如下（表 4-6）。

表 4-6 怀柔区土木结构房屋不同年代占比情况表

房屋结构（数量）	建造年代	房屋类型	数量（占同类采样比）	抗震加固	墙体承重	占本区采样比
土木结构（1）	20 世纪 70 年代以前	/	0%	否	/	0.1%
	20 世纪 70—80 年代	1 层	1（100%）	否	生土墙，生土、石块、砖混合墙体	
	20 世纪 90 年代至 2000 年	/	0%	/	/	
	2000—2010 年	/	0%	/	/	
	2010 以后	/	0%	/	/	

20 世纪 70—80 年代农居如图 4-25 所示。

（a）正面

（b）背侧面

（c）背面

图 4-28 20 世纪 70—80 年代土木结构农居

注：图 4-28a 同样是外贴石皮内为生土的“两重皮”结构，但与图 4-25 不同的是它背侧面的承重墙体主要是生土墙，所以应定义为土木结构。

第 5 章　平谷区典型农居结构调查

平谷区隶属北京市，位于北京市的东北部，西距北京市区 70 千米，东距天津市区 90 千米，是连接两大城市的纽带。地理坐标为东经 116°55′ ~ 117°24′，北纬 40°1′ ~ 40°22′。南与河北省三河市为邻，北与北京市密云区接壤，西与北京市顺义区接界，东南与天津市蓟州区、东北与河北省承德市兴隆县毗连。平谷区是北京市生态涵养区之一，总面积 948.24 平方千米，下辖 2 个街道、16 个乡镇和 273 个村庄。2018 年末全区常住人口 45.6 万人，户籍人口 40.6 万人。据初步统计核算，2018 年全年实现地区生产总值 251 亿元。

地形地貌：平谷区地势东北高，西南低。东南北三面环山，山前呈环带状浅山丘陵。中部、南部为冲击、洪积平原。山区半山区约占总面积的三分之二，有 17 座海拔千米以上的山峰。中低山区占北京市山地面积的 4.5%，是林果的发展基地。

平谷区属海河流域北三河水系，境内有河流 32 条，泃河是境内最长河流，发源于河北省兴隆县，于平谷区金海湖地区罗汉石村入平谷区境，于东高村镇南宅村出境入三河市，泃河在平谷区境内长 54.15 千米。其他河流均为泃河支流，其中泇河系泃河最大支流，发源于平谷区镇罗营镇玻璃台村，于马昌营镇前芮营村汇入泃河，总长 53.53 千米。

5.1　平谷区行政区划（图 5-1）

根据国家统计局官网 2020 年 6 月 30 日最新统计资料显示，怀柔区辖 2 个街道、4 个地区、10 个镇、2 个乡（见表 5-1），共 18 个乡级政区；273 个村民委员会。

表 5-1　平谷区辖区概况表

平谷区辖区概况					
街道	滨河街道	兴谷街道			
地区	渔阳地区	峪口地区	马坊地区	金海湖地区	
镇	东高村镇	山东庄镇	南独乐河镇	大华山镇	夏各庄镇
	马昌营镇	王辛庄镇	大兴庄镇	刘家店镇	镇罗营镇
乡	黄松峪乡	熊儿寨乡			

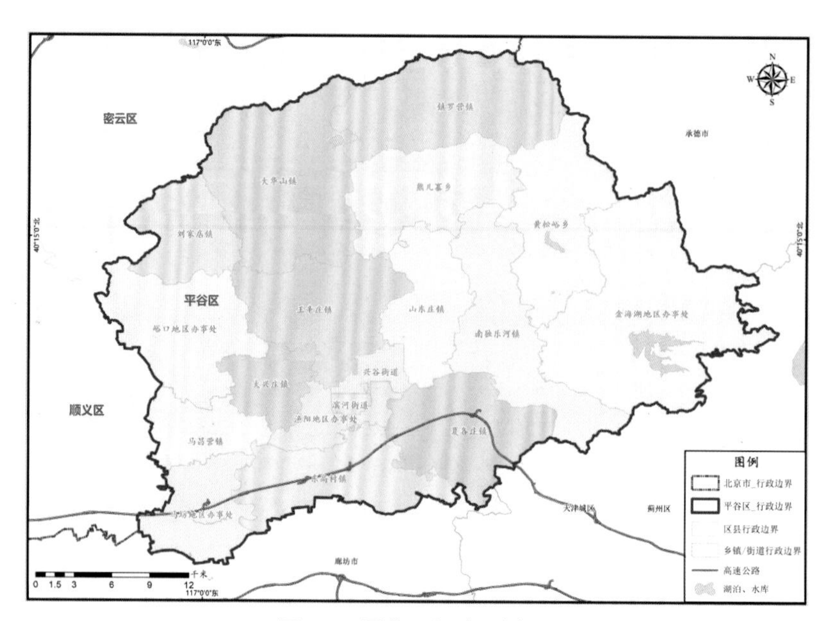

图 5-1 平谷区行政区划图

5.2 平谷区现场调查农居房屋结构情况

笔者等人在怀柔区抽样调查 1977 栋房屋，涉及 11 个镇、2 个地区、2 个乡，具体见表 5-1，本地区典型的建筑结构类型有砖混结构、砖木结构、钢筋混凝土结构、石结构，各种结构占采样比如表 5-2。

表 5-2 平谷区农居结构占采样比情况表

房屋结构	数量（占本区采样比）
钢筋混凝土结构	0（0 %）
砖混结构	176（8.9 %）
砖木结构	1654（83.6%）
石结构	144（7.3%）
土木结构	3（0.2%）

5.3 平谷区砖混结构农居

平谷区在地理位置上离市区更远一些，从房屋建筑结构来看砖混结构比其他地区占比偏低，为 8.9%（表 5-3）。

表 5-3　平谷区砖混结构农居不同年代占比情况表

房屋结构（数量）	建造年代	房屋类型	数量（占同类采样比）	抗震加固	墙体承重	占本区采样比
砖混结构（176）	20 世纪 70 年代以前	/	0%	/	/	8.9%
	20 世纪 70—80 年代	1 层	8（4.5%）	否	砖墙	
	20 世纪 90 年代至 2000 年	1 层、2 层	19（10.8 %）	否	砖墙	
	2000—2010 年	1 层、2 层	79（44.9 %）	否	砖墙	
	2010 年以后	1 层、2 层	70（39.8%）	否	砖墙	

（1）20 世纪 70—80 年代砖混结构（图略）。

（2）20 世纪 90 年代至 2000 年砖混结构（图 5-2，图 5-3）。

（a）正面　（b）院墙

图 5-2　20 世纪 90 年代至 2000 年砖混结构农居一

（b）侧面

（a）正面　（c）背面

图 5-3　20 世纪 90 年代至 2000 年砖混结构农居二

（3）2000—2010 年砖混结构（图 5-4，图 5-5）。

（a）正面

（b）背面

（c）侧面

图 5-4 2000—2010 年砖混结构农居

（a）正面

（b）侧面

（c）正侧面

图 5-5 2000—2010 年二层砖混结构农居

（4）2010 年以后砖混结构（图 5-6 至图 5-12）。

（a）正面

（b）侧面

图 5-6 2010 年以后砖混结构农居一

（a）正面

（b）背侧面

（c）侧面

图 5-7　2010 年以后砖混结构农居二

（a）正面

（b）背面

（c）围墙

图 5-8　2010 年以后砖混结构农居三

（a）正面

（b）背面

（d）侧面

（c）院墙

图 5-9　2010 年以后砖混结构农居四

（b）内外横墙

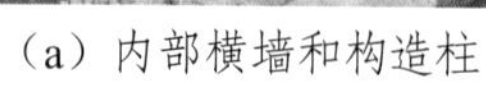

（a）内部横墙和构造柱

（c）纵横墙连接

图 5-10 在建砖混结构农居一

（a）内部横墙和构造柱

（b）正面

（c）门洞一

（d）门洞二

图 5-11 在建砖混结构农居二

（a）构造柱

（b）正侧面

图 5-12　在建砖混结构农居三

图 5-10 至图 5-12，在建砖混结构农居中可见均建有地圈梁和构造柱。

5.4　平谷区砖木结构农居

在采样调查中，平谷区砖木结构共 1654 栋占比最大，为 83.6%，表 5-4 为砖木结构农居不同年代占比情况。

表 5-4　平谷区砖木结构农居不同年代占比情况

房屋结构（数量）	建造年代	房屋类型	数量（占同类采样比）	抗震加固	墙体承重	占本区采样比
	20 世纪 70 年代以前	1 层	19（1.2%）	否	砖墙	
	20 世纪 70—80 年代	1 层	895（54.1%）	否	砖墙	
砖木结构（1654）	20 世纪 90 年代至 2000 年	1 层	336（20.3%）	否	砖墙	83.6%
	2000—2010 年	1 层	306（18.5%）	否	砖墙	
	2010 年以后	1 层	98（5.9%）	否	砖墙	

（1）20 世纪 70 年代以前砖木结构。

20 世纪 70 年代以前砖木结构占比最少，仅 1.2%。

(a)正面

(b)侧面

(c)背面

图 5-13 20 世纪 70 年代以前砖木结构农居

(2)20 世纪 70—80 年代砖木结构。

平谷区 20 世纪 70—80 年代砖木结构数量最多，在采样的 1654 栋房屋中有 895 栋，占比 54.1%(图 5-14 至图 5-19)。

(a)正面

(b)侧面

(c)背面

图 5-14 20 世纪 70—80 年代砖木结构农居一

（a）正面

（b）背侧面

（c）侧面

（d）围墙

图 5-15　20 世纪 70—80 年代砖木结构农居二

（b）正面木柱

（a）正面

（c）侧面

图 5-16　20 世纪 70—80 年代砖木结构农居三

（a）正面

（b）背面

（c）侧面

（d）围墙

图 5-17 20 世纪 70—80 年代砖木结构农居四

（a）正面

（b）侧面

（c）背侧面

图 5-18 20 世纪 70—80 年代砖木结构农居五

（b）侧面

（a）正面　（c）背面

图 5-19　20 世纪 70—80 年代砖木结构农居六

（3）20 世纪 90 年代至 2000 年砖木结构（图 5-20 至图 5-22）。

（b）侧面

（a）正面　（c）背面

图 5-20　20 世纪 90 年代至 2000 年砖木结构农居一

（b）侧面

（a）正面　（c）背面

图 5-21　20 世纪 90 年代至 2000 年砖木结构农居二

（a）正面 （b）侧面 （c）背面

图 5-22 20 世纪 90 年代至 2000 年砖木结构农居三

（4）2000—2010 年砖木结构（图 5-23 至图 5-25）。

（a）正面 （b）院墙 （c）侧面 （d）背面

图 5-23 2000—2010 年砖木结构农居一

（a）正面

（b）侧面　（c）侧面　（d）院墙

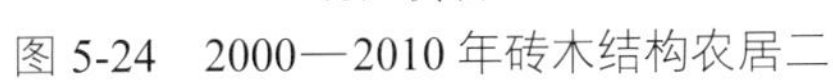

图 5-24　2000—2010 年砖木结构农居二

（b）侧面

（a）正面　（c）背面

图 5-25　2000—2010 年砖木结构农居三

（5）2010 年以后砖木结构（图 5-26 至图 5-29）。

（a）正面

（b）背面

图 5-26　2010 年以后砖木结构农居一

（a）正面

（b）侧面

图 5-27　2010 年以后砖木结构农居二

（a）正面

（b）背面

图 5-28　2010 年以后砖木结构农居三

（a）正面

（b）背面

（c）院墙

（d）侧面

图 5-29 2010 年以后砖木结构农居四

5.5 平谷区石结构农居

平谷区石结构农居与其他几个调查区基本相似（表 5-5），除此存在个别石块干垒墙体的房屋，可以算作比较标准的石结构建筑。

表 5-5 平谷区石结构农居占比情况表

房屋结构（数量）	建造年代	房屋类型	数量（占同类采样比）	抗震加固	墙体承重	占本区采样比
石结构（144）	20 世纪 70 年代以前	1 层	52（36.1%）	否	石墙，石块、砖混合墙体	7.3%
	20 世纪 70—80 年代	1 层	90（62.5%）	否	石墙，石块、砖混合墙体	
	20 世纪 90 年代至 2000 年	1 层	2（1.4%）	否	石墙，石块、砖混合墙体	
	2000—2010 年	/	0%	/	/	
	2010 年以后	/	0%	/	/	

（1）20世纪70年代以前石结构（图5-30至图5-32）。

（a）石块干垒墙体

（b）侧面及石块临时搭建简易房

（c）石块干垒墙体

图5-30 20世纪70年代以前石结构农居一

（a）正面

（b）侧面

（c）背面

（d）石块干垒院墙

图5-31 20世纪70年代以前石结构农居二

（a）正面一

（b）正面二

图 5-32　20 世纪 70 年代以前石结构农居三

（2）20 世纪 70—80 年代石结构（图 5-33 至图 5-38）。

（a）侧面

（b）背面

图 5-33　20 世纪 70—80 年代石结构农居一

（a）正面纵墙上砖下石

（b）正面

（c）山墙中间填充石块

（d）侧面

（e）背面纵墙以石块为主

图 5-34　20 世纪 70—80 年代石结构农居二

（a）正面纵墙以砖为主

（b）山墙以石块为主

（c）侧面

（d）背面

图 5-35　20 世纪 70—80 年代石结构农居三

（a）正面

（b）侧面一

（c）侧面二

（d）背面

图 5-36　20 世纪 70—80 年代石结构农居四

（a）院墙及整体

（b）侧面

（c）背面

图 5-37 20 世纪 70—80 年代石结构农居五

（a）正面

（b）侧面一

（c）侧面二

（d）背侧面

图 5-38 20 世纪 70—80 年代石结构农居六

（3）20 世纪 90 年代至 2000 年石结构（图 5-39）。

（a）正面

（b）院墙

（c）侧面

图 5-39　20 世纪 90 年代至 2000 年石结构农居

5.6　平谷区土木结构农居

平谷区土木结构农居占比较少，在采样房屋中仅有 3 栋，基本建造于 20 世纪 70 年代以前或 70 年代左右（图 5-6）。

表 5-6　平谷区土木结构农居占比情况表

房屋结构（数量）	建造年代	房屋类型	数量（占同类采样比）	抗震加固	墙体承重	占本区采样比
土木结构（3）	20 世纪 70 年代以前	1 层	2（66.7%）	否	生土墙	0.2%
	20 世纪 70—80 年代	1 层	1（33.3%）	否	生土墙	
	20 世纪 90 年代至 2000 年	/	0%	/	/	
	2000—2010 年	/	0%	/	/	
	2010 年以后	/	0%	/	/	

（1）20 世纪 70 年代以前土木结构（图略）。

（2）20 世纪 70—80 年代土木结构（图略）。

第 6 章　延庆区典型农居结构调查

延庆地处北京市西北部，为北京市郊区之一。东邻北京怀柔区，区域地处东经 115°44′ ～ 116°34′，北纬 40°16′ ～ 40°47′，南接北京昌平区，西与河北省怀来县接壤，北与河北省赤城县相邻，距北京德胜门 74 千米。平均海拔 500 米以上，冬冷夏凉，素有北京“夏都”之称。境内海陀山主峰海拔 2241 米，是北京市第二高峰。延庆地域总面积 1993.75 平方千米，其中，山区面积占 72% ～ 8%，平原面积占 26% ～ 2%，水域面积占 1%。区内有Ⅳ级以上河流 18 条，其中 III 级河流 2 条，年可利用水资源总量 1 ～ 9 亿立方米。拥有 105 平方千米的地热带，具有丰富的浅层地热资源。年日照 2800 小时，是北京市太阳能资源最丰富的地区。延庆官厅风口 70 米高平均风速 7 米 / 秒以上，风力资源占全市的 70%。

6.1　延庆区行政区划（图 6-1）

延庆区辖 11 镇 4 乡 3 个街道办事处分别为：延庆镇；康庄镇；八达岭镇；永宁镇；旧县镇；张山营镇；四海镇；千家店镇；沈家营镇；大榆树镇；井庄镇；刘斌堡乡；大庄科乡；香营乡；珍珠泉乡；百泉街道办事处；香水园街道办事处；儒林街道办事处。根据国家统计局官网 2020 年 6 月 30 日最新统计数据，延庆区辖 3 个街道、11 个镇、4 个乡。

表 6-1　延庆区辖区概况表

延庆区辖区概况					
街道	百泉街道	香水园街道	儒林街道		
镇	延庆镇	康庄镇	八达岭镇	永宁镇	旧县镇
	张山营镇	四海镇	千家店镇	大榆树镇	井庄镇
	沈家营镇				
乡	大庄科乡	刘斌堡乡	香营乡	珍珠泉乡	

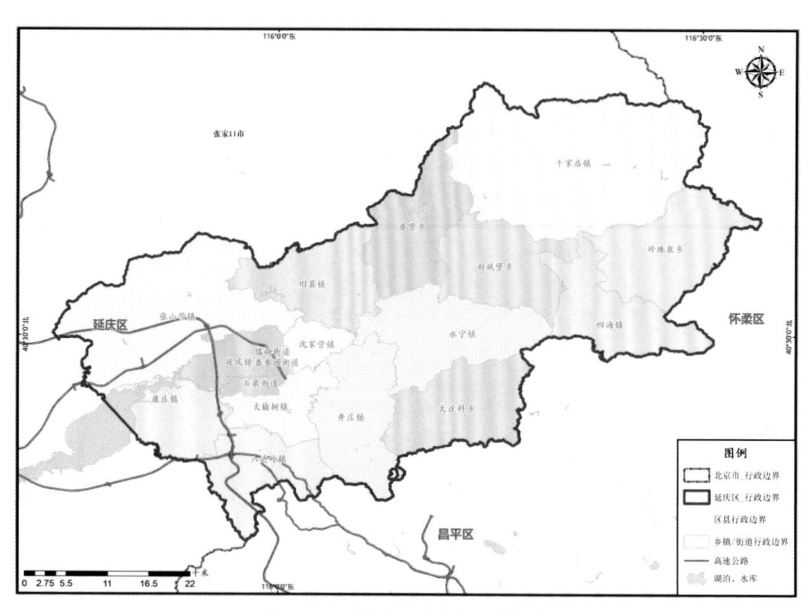

图 6-1 延庆区行政区划图

6.2 延庆区现场调查农居房屋结构情况

笔者等人在延庆区抽样调查 1065 栋房屋涉及 3 个镇，本地区典型的建筑结构类型有砖混结构、砖木结构、石结构、土木结构，各种结构占采样比如表 6-2。

表 6-2 房屋结构占延庆区采样比

房屋结构	数量（占本区采样比）
钢筋混凝土结构	4（0.4%）
砖混结构	140（13.1 %）
砖木结构	659（61.9%）
石结构	71（6.7%）
土木结构	191（17.9%）

6.3 延庆区钢筋混凝土结构农居

在延庆区采样的农居房屋中，存在极少量钢筋混凝土房屋，由专业公司设计建造或政府统一规划建造，为 3 层、4 层房屋，调查采集时部分处于在建状态，不同年代钢筋混凝土结构农居如表 6-3。

表6-3 延庆区不同年代钢筋混凝土结构农居占采样比情况表

房屋结构（数量）	建造年代	房屋类型	数量（占同类采样比）	抗震加固	墙体承重	占本区采样比
钢筋混凝土结构（4）	20世纪70年代以前	/	0%	/	/	0.4%
	20世纪70—80年代	/	0%	/	/	
	20世纪90年代至2000年	/	0%	/	/	
	2000—2010年	/	0%	/	/	
	2010年以后	3、4层	4（100%）	否	钢筋混凝土	

（1）2010年以后钢筋混凝土结构（图6-2、图6-3）。

（a）平房后在建建筑为钢混结构

（b）在建钢混结构农居

图6-2 2010年以后钢筋混凝土结构农居一

图6-3 2010年以后钢筋混凝土结构农居二

6.4 延庆区砖混结构农居

延庆区砖混结构农居占比 13.1%，20 世纪 90 年代以前数量较少，2000 年以后逐渐增多（表 6-4）。

表 6-4 延庆区不同年代砖混结构农居占采样比情况表

房屋结构（数量）	建造年代	房屋类型	数量（占同类采样比）	抗震加固	墙体承重	占本区采样比
砖混结构（140）	20 世纪 70 年代以前	/	0（0%）	/	/	33.1%
	20 世纪 70—80 年代	1 层	7（5%）	否	砖墙	
	20 世纪 90 年代至 2000 年	1 层	8（5.7%）	否	砖墙	
	2000—2010 年	1 ～ 3 层	43（30.7%）	否	砖墙	
	2010 年以后	1 ～ 3 层	82（58.6%）	否	砖墙	

（1）20 世纪 70—80 年代砖混结构。

20 世纪 90 年代以前砖混结构农居中窗户以木窗或铁窗为主，基本不设置圈梁，无构造柱，属于不设防砌体结构（图略）。

（2）20 世纪 90 年代至 2000 年砖混结构（图 6-4）。

（a）正面

（b）背面

（c）侧面

图 6-4 20 世纪 90 年代至 2000 年砖混结构农居

（3）2000—2010 年砖混结构（图 6-5，图 6-6）。

（a）正面

（b）背面

（c）侧面

图 6-5 2000—2010 年砖混结构农居一

（a）正面

（b）背面

图 6-6 2000—2010 年砖混结构农居二

（4）2010 年以后砖混结构。

2010 年以后多层砖混结构较普遍，屋盖一般为预制混凝土板或现浇混凝土屋盖，平屋顶居多，少量坡屋顶（图 6-7 至图 6-18）。延庆区有一部分统一规划建设的新农居，多为二层砖混结构（见图 6-8 和图 6-10）。

图 6-7 2010 年以后单层砖混结构农居

（b）背面

（a）正面

（c）侧面

图 6-8 2010 年以后二层砖混结构农居

（b）侧面

（a）正面

（c）背面

图 6-9 2010 年以后砖混结构农居一

（a）正面　（b）背面

图 6-10　2010 年以后砖混结构农居二

（b）侧面

（a）正面　（c）背面

图 6-11　2010 年以后砖混结构农居三

（b）侧面

（a）正面（在建）　（c）背面

图 6-12　2010 年以后砖混结构农居四

(a) 正面

(b) 侧面

(c) 背面

图 6-13 2010 年以后砖混结构农居五

(a) 正面

(b) 侧面

(c) 背面

图 6-14 2010 年以后砖混结构农居六

(a) 正面

(b) 背面

图 6-15 2010 年以后砖混底框结构农居

（a）正面

（b）侧面

（c）背面

图 6-16　2010 年以后多层砖混结构农居

图 6-17　2010 年以后在建砖混结构农居（可见圈梁和构造柱）

（a）正面

（b）背面

（c）侧面

图 6-18　2010 年以后在建砖混结构农居（可见圈梁和构造柱）

6.5 延庆区砖木结构农居

延庆区砖木结构农居不同年代占采样统计如表 6-5。

表 6-5 延庆区砖木结构农居不同年代占采样比情况表

房屋结构（数量）	建造年代	房屋类型	数量（占同类采样比）	抗震加固	墙体承重	占本区采样比
砖木结构（659）	20 世纪 70 年代以前	1 层	9（1.4%）	否	砖墙	61.9%
	20 世纪 70—80 年代	1 层	257（39.0%）	否	砖墙	
	20 世纪 90 年代至 2000 年	1 层	129（19.6%）	否	砖墙	
	2000—2010 年	1 层	146（22.1%）	否	砖墙	
	2010 年以后	1 层	118（17.9%）	否	砖墙	

（1）20 世纪 70 年代以前砖木结构。

20 世纪 70 年代以前砖木结构外观破旧，木构件腐蚀开裂严重（图 6-19）。

（a）正面，木柱木屋架

（b）侧面

（c）背面

图 6-19 20 世纪 70 年代以前砖木结构农居

（2）20 世纪 70—80 年代砖木结构。

20 世纪 70—80 年代砖木结构占比最大（图 6-20 至图 6-31）。

（a）正面

（b）背面

（c）侧面

图 6-20　20 世纪 70—80 年代砖木结构农居一

（a）正面

（b）背侧面

图 6-21　20 世纪 70—80 年代砖木结构农居二

（a）正面

（b）侧面

（c）背面

图 6-22　20 世纪 70—80 年代砖木结构农居三

（a）正面

（b）背面

（c）侧面

图 6-23 20 世纪 70—80 年代砖木结构农居四

（a）正面

（b）背面

（c）侧面

图 6-24 20 世纪 70—80 年代砖木结构农居五

（a）正面

（b）侧面

（c）背面

图 6-25 20 世纪 70—80 年代砖木结构农居六

(a) 正面

(b) 侧面

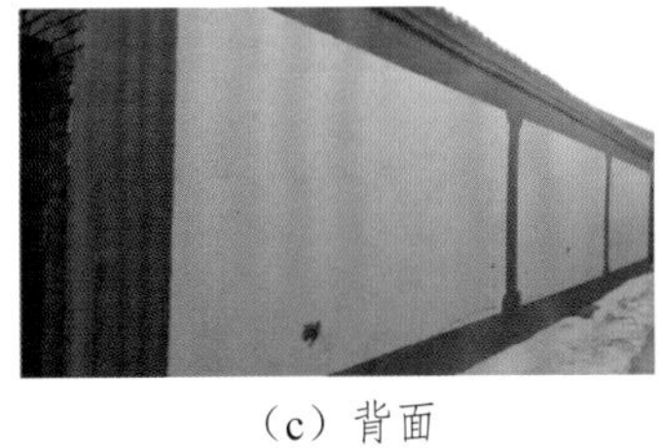

(c) 背面

图 6-26 20 世纪 70—80 年代砖木结构农居七

(a) 正面

(b) 侧面

(c) 背面

图 6-27 20 世纪 70—80 年代砖木结构农居八

(a) 正面

(b) 背面

(c) 侧面

图 6-28 20 世纪 70—80 年代砖木结构农居九

（b）山墙下方混合毛石

（a）正面 （c）背面纵墙下方混合毛石

图 6-29 20 世纪 70—80 年代砖木结构农居十

（a）正面 （b）侧面

图 6-30 20 世纪 70—80 年代砖木结构农居十一

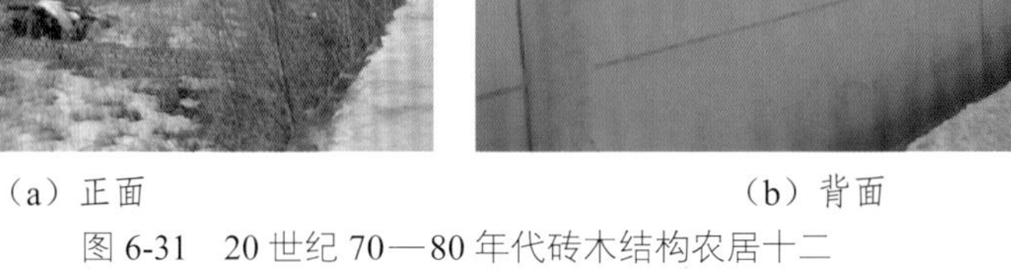

（a）正面 （b）背面

图 6-31 20 世纪 70—80 年代砖木结构农居十二

（3）20 世纪 90 年代至 2000 年砖木结构。

20 世纪 90 年代以后砖木结构门窗多见铝合金、塑钢等材料，部分房屋设置圈梁，偶见构造柱（图 6-32 至 6-34）。

（a）正面

（b）侧面

图 6-32　20 世纪 90 年代至 2000 年砖木结构农居一

（a）正面

（b）侧面

（c）背面

图 6-33　20 世纪 90 年代至 2000 年砖木结构农居二

（a）正面

（b）侧面

（c）背面

图 6-34　20 世纪 90 年代至 2000 年砖木结构农居三

（4）2000—2010 年砖木结构（图 6-35 至图 6-37）。

（a）正面

（b）背面

图 6-35　2000—2010 年砖木结构农居一

（a）正面

（b）侧面

图 6-36　2000—2010 年砖木结构农居二

（a）正面

（b）侧面

图 6-37　2000—2010 年砖木结构农居三

（5）2010 年以后砖木结构（图 6-38 至图 6-39）。

（a）正面

（b）侧面

（c）背面

图 6-38　2010 年以后砖木结构农居一

（a）正面

（b）侧面

（c）背面

图 6-39　2010 年以后砖木结构农居二

6.6 延庆区石结构农居

延庆区石结构农居不同年代占比情况见表 6-6。

表 6-6 延庆区石结构农居不同年代占比情况表

房屋结构（数量）	建造年代	房屋类型	数量（占同类采样比）	抗震加固	墙体承重	占本区采样比
石结构（71）	20 世纪 70 年代以前	1 层	21（29.6%）	否	石墙，石块、生土、砖混合墙体	6.7%
	20 世纪 70—80 年代	1 层	50（70.4%）	否	石墙，石块、生土、砖混合墙体	
	20 世纪 90 年代至 2000 年	/	0%	/	/	
	2000—2010 年	/	0%	/	/	
	2010 年以后	/	0%	/	/	

（1）20 世纪 70 年代以前石结构。

延庆区 20 世纪 70 年代以前石结构墙体多为用生土粘结或石块干垒，墙体的整体性极差（图 6-40 至图 6-47）。

（a）侧面

（b）侧面

（c）砖木房屋后为此房屋背面

图 6-40 20 世纪 70 年代以前石结构农居一

（a）正面

（b）侧面

图 6-37　2000—2010 年砖木结构农居三

（5）2010 年以后砖木结构（图 6-38 至图 6-39）。

（a）正面

（b）侧面

（c）背面

图 6-38　2010 年以后砖木结构农居一

（a）正面

（b）侧面

（c）背面

图 6-39　2010 年以后砖木结构农居二

6.6 延庆区石结构农居

延庆区石结构农居不同年代占比情况见表 6-6。

表 6-6 延庆区石结构农居不同年代占比情况表

房屋结构（数量）	建造年代	房屋类型	数量（占同类采样比）	抗震加固	墙体承重	占本区采样比
石结构（71）	20 世纪 70 年代以前	1 层	21（29.6%）	否	石墙，石块、生土、砖混合墙体	6.7%
	20 世纪 70—80 年代	1 层	50（70.4%）	否	石墙，石块、生土、砖混合墙体	
	20 世纪 90 年代至 2000 年	/	0%	/	/	
	2000—2010 年	/	0%	/	/	
	2010 年以后	/	0%	/	/	

（1）20 世纪 70 年代以前石结构。

延庆区 20 世纪 70 年代以前石结构墙体多为用生土粘结或石块干垒，墙体的整体性极差（图 6-40 至图 6-47）。

（a）侧面

（b）侧面

（c）砖木房屋后为此房屋背面

图 6-40 20 世纪 70 年代以前石结构农居一

（a）山墙和外部围墙

（b）外部围墙

图 6-41　20 世纪 70 年代以前石结构农居二

（a）外部围墙

（b）外部围墙

图 6-42　20 世纪 70 年代以前石结构农居三

（2）20 世纪 70—80 年代石结构。

（a）正面

（b）侧面

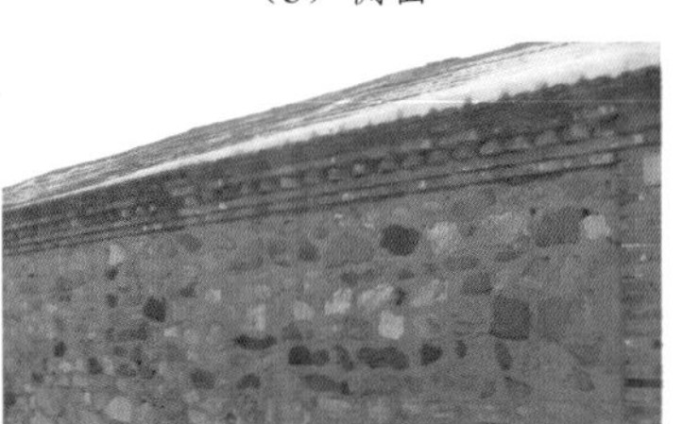

（c）背面

图 6-43　20 世纪 70—80 年代石结构农居一

（a）正面

（b）侧面

图 6-44 20 世纪 70—80 年代石结构农居二

（a）侧面

（b）背面

图 6-45 20 世纪 70—80 年代石结构农居三

（a）正面

（b）背面

（c）侧面

图 6-46 20 世纪 70—80 年代石结构农居四

（a）正面

（b）背面

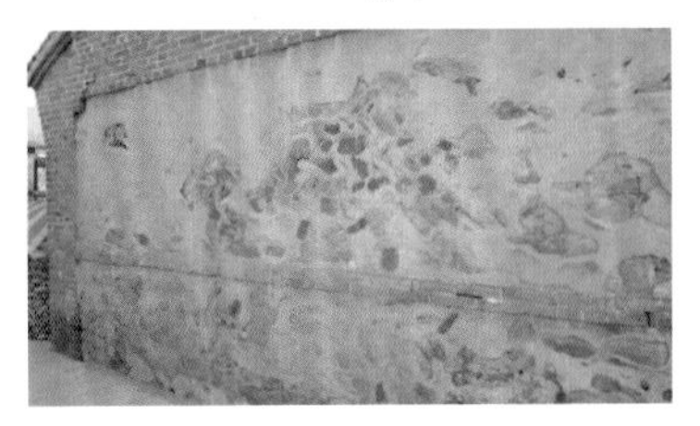

（c）侧面

图 6-47 20 世纪 70—80 年代石结构农居五

6.7 延庆区土木结构农居

延庆区属偏远郊区，经济相对其他区较为落后，从农居建筑上可见土木结构占比稍多，承重墙体由石块和生土粘合而成，存在大量“两重皮”现象，即内土外砖或内土外石等土木结构房屋（表 6-7）。

表 6-7 延庆区土木结构农居不同年代占比情况表

房屋结构（数量）	建造年代	房屋类型	数量（占同类采样比）	抗震加固	墙体承重	占本区采样比
土木结构（191）	20 世纪 70 年代以前	1 层	91（47.6%）	否	生土墙，生土、砖混合墙体	17.9%
	20 世纪 70—80 年代	1 层	97（50.8%）	否	生土墙，生土、砖混合墙体	
	20 世纪 90 年代至 2000 年	1 层	3（1.6%）	否	生土墙，生土、砖混合墙体	
	2000—2010 年	/	0%	/	/	
	2010 年以后	/	0%	/	/	

（1）20 世纪 70 年代以前土木结构。

延庆区存在一定数量 20 世纪 70 年代以前土木结构房屋，此种房屋有大部分已废弃，一小部分有老年人居住，墙体多由生土混合毛石砌筑，四角多为青砖。由图可见房体破败，门窗开裂歪斜，房屋整体抗震性能差（图 6-48 至图 6-52）。

(a) 正面

(b) 侧面

(b) 背面

图 6-48　20 世纪 70 年代以前土木结构农居一

(a) 破败的山墙

(b) 侧面

图 6-49　20 世纪 70 年代以前土木结构农居二

(a) 整体外观

(b) 背面

图 6-50　20 世纪 70 年代以前土木结构农居三

（a）正面

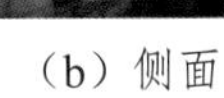

（b）侧面

（c）侧面

（d）背面

图 6-51 20 世纪 70 年代以前土木结构农居四

（a）正面

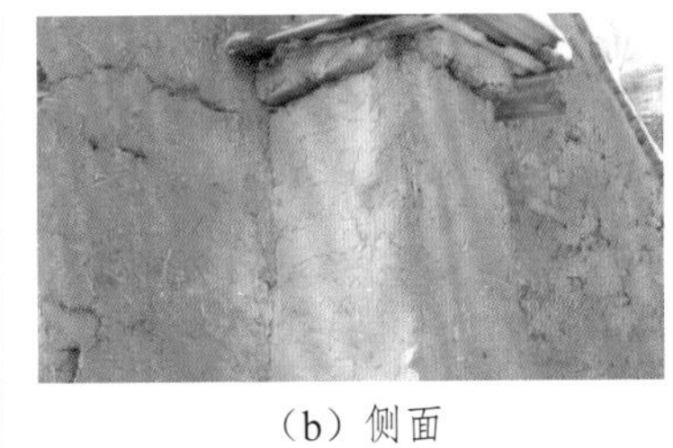

（b）侧面

（c）背面

图 6-52 20 世纪 70 年代以前土木结构农居五

（2）20 世纪 70—80 年代土木结构（图 6-53 至图 6-67）。

（a）正面

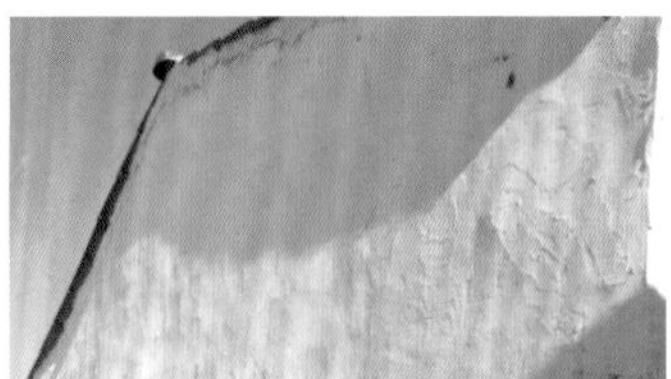

（b）侧面

（c）背面

图 6-53　20 世纪 70—80 年代土木结构农居一

（a）正面纵墙，外砖内土

（b）侧面

（c）背面纵墙主要为生土墙

图 6-54　20 世纪 70—80 年代土木结构农居二

（a）整体外观

（b）侧面

（c）背侧面

图 6-55　20 世纪 70—80 年代土木结构农居三

（a）正面

（b）侧面

图6-56 20世纪70—80年代土木结构农居四

（a）正面

（b）侧面

（c）背面

图6-57 20世纪70—80年代土木结构农居五

（a）正面

（b）背面

图6-58 20世纪70—80年代土木结构农居六

(a) 正面

(b) 背面纵墙，生土混合石块

(c) 侧面

图 6-59 20 世纪 70—80 年代土木结构农居七

(a) 正面

(b) 侧面

(c) 背面

图 6-60 20 世纪 70—80 年代土木结构农居八

(a) 正面

(b) 侧面

(c) 背面

图 6-61 20 世纪 70—80 年代土木结构农居九

（b）侧面

（a）正面 （c）背面

图 6-62 20 世纪 70—80 年代土木结构农居十

（a）正面 （b）背面

图 6-63 20 世纪 70—80 年代土木结构农居十一

图 6-64 20 世纪 70—80 年代土木结构农居正面

（a）正面

（b）背面

图 6-65 20 世纪 70—80 年代土木结构农居一

（a）正面

（b）背面

图 6-66 20 世纪 70—80 年代土木结构农居二

图 6-67 20 世纪 70—80 年代土木结构农居正面（外砖内土）

（3）20 世纪 90 年代至 2000 年土木结构（图略）。

第 7 章　朝阳区典型农居结构调查

朝阳区是北京市城六区之一，因位于朝阳门外而得名，地处北京市中南部，位于北纬 39°49' ~ 40°5'，东经 116°21' ~ 116°38'。北接顺义区、昌平区，东与通州区接壤，南连丰台区、大兴区，西同海淀区、东城区、西城区毗邻。面积 470.8 平方千米。辖域地貌平坦，地势从西北向东南缓缓倾斜，平均海拔 34 米，最高处海拔 46 米，最低处海拔 20 米。轮廓南北长，最长约 28 千米；东西窄，最宽约 17 千米。

元代开凿通惠河流经辖区内，在元、明、清三朝曾是漕运的重要河道；境内还有温榆河、清河、坝河、亮马河、萧太后河、凉水河、北小河等河流。

根据《北京城市总体规划（2016 年—2035 年）》，朝阳区属于北京中心城区，功能定位如下：强化区内东部、北部地区的国际交往功能，拟将其建设成为国际一流的商务中心区、国际科技文化体育交流区、各类国际化社区的承载地；拟将南部地区传统工业区改造为文化创意与科技创新融合发展区。

7.1　朝阳区行政区划（图 7-1）

根据国家统计局 2020 年 6 月 30 日最新统计资料，朝阳区辖 24 个街道、19 个地区，设 466 个社区、144 个村。2019 年年末全区常住人口为 347.3 万人。

其所辖各区概况如表 7-1。

表 7-1　朝阳区辖区概况表

朝阳区辖区概况					
街道	建外街道	朝外街道	呼家楼街道	三里屯街道	左家庄街道
	香河园街道	和平街街道	安贞街道	亚运村街道	小关街道
	酒仙桥街道	麦子店街道	团结湖街道	六里屯街道	八里庄街道
	大屯街道	望京街道	奥运村街道	东湖街道	首都机场街道
	双井街道	劲松街道	潘家园街道	垡头街道	
地区	南磨房地区	高碑店地区	将台地区	太阳宫地区	小红门地区
	十八里店地区	平房地区	东风地区	来广营地区	常营地区
	三间房地区	管庄地区	金盏地区	孙河地区	崔各庄地区
	东坝地区	黑庄户地区	豆各庄地区	王四营地区	

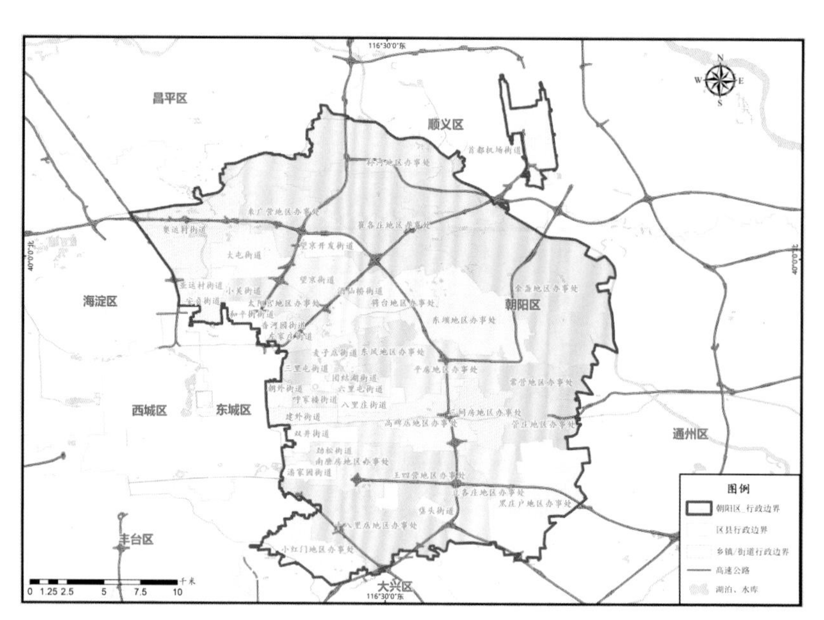

图 7-1 朝阳区行政区划图

7.2 朝阳区现场调查农居房屋结构情况

笔者等人在朝阳区十八里店地区抽样调查了 2497 栋房屋，因本项目以调查农居房屋结构为主，所以去除了大部分工业厂房、办公楼和仓库等非住宅建筑，剩余 1748 栋。本地区典型的农居房屋结构类型有砖混结构、砖木结构、钢筋混凝土结构，各种结构占采样比如表 7-2。

表 7-2 房屋结构占朝阳区采样比

房屋结构	数量（占本区采样比）
钢筋混凝土结构	3（0.2%）
砖混结构	1009（57.7%）
砖木结构	736（42.1%）
石结构	0（0%）
土木结构	0（0%）

7.3 朝阳区钢筋混凝土结构农居

朝阳区属于城六区，坐拥繁华的 CBD 商业区，钢筋混凝土结构房屋很多，但在农居房屋中数量却极少，仍以砖混结构和砖木结构为主（表 7-3）。

表 7-3　朝阳区钢筋混凝土结构农居不同年代占采样比情况表

房屋结构（数量）	建造年代	房屋类型	数量（占同类采样比）	抗震加固	墙体承重	占本区采样比
钢筋混凝土结构（3）	20 世纪 70 年代以前	/	/	否	/	0.2%
	20 世纪 70—80 年代	/	/	否	/	
	20 世纪 90 年代至 2000 年	/	/	否	/	
	2000—2010 年	2 层	1（33.3%）	否	钢筋混凝土	
	2010 年以后	2 层、3 层	2（66.7%）	否	钢筋混凝土	

（1）2000—2010 年钢筋混凝土结构（图 7-2）。

图 7-2　2000—2010 年钢筋混凝土结构农居

（2）2010 年以后钢筋混凝土结构（图 7-3）。

图 7-3　2010 年以后钢筋混凝土结构农居（在建）

7.4 朝阳区砖混结构农居

在调查的几个区中朝阳区砖混结构农居占比最多，达 57.7%，不同年代占采样比情况见表 7-4。

表 7-4 朝阳区砖混结构农居不同年代占采样比情况表

房屋结构（数量）	建造年代	房屋类型	数量（占同类采样比）	抗震加固	墙体承重	占本区采样比
砖混结构（1009）	20 世纪 70 年代以前	/	/	否	/	57.7%
	20 世纪 70—80 年代	1～2 层	150（14.9%）	否	砖墙	
	20 世纪 90 年代至 2000 年	1～3 层	203（20.1%）	否	砖墙	
	2000—2010 年	1～3 层	271（26.8%）	否	砖墙	
	2010 年以后	1～3 层	385（38.2%）	否	砖墙	

（1）20 世纪 70—80 年代砖混结构（图 7-4 至图 7-10）。

（a）正面一　　（b）正面二

图 7-4 20 世纪 70—80 年代砖混结构农居一

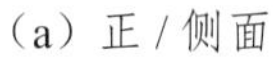

（a）正 / 侧面　　（b）正面

图 7-5 20 世纪 70—80 年代砖混结构农居二

图 7-6　20 世纪 70—80 年代砖混结构农居正面一

图 7-7　20 世纪 70—80 年代砖混结构农居正 / 侧面一

图 7-8　20 世纪 70—80 年代砖混结构农居正面二

图 7-9　20 世纪 70—80 年代砖混结构农居正面三

图 7-10　20 世纪 70—80 年代砖混结构农居正 / 侧面二

（3）20 世纪 90 年代至 2000 年砖混结构（图 7-11 至图 7-19）。

图 7-11　20 世纪 90 年代至 2000 年
砖混结构农居院墙

图 7-12　20 世纪 90 年代至 2000 年
砖混结构农居正面

图 7-13　20 世纪 90 年代至 2000 年二层砖混结构农居正面一

图 7-14　20 世纪 90 年代至 2000 年二层砖混结构农居正面二

图 7-15　20 世纪 90 年代至 2000 年二层砖混结构农居正面三

图 7-16　20 世纪 90 年代至 2000 年二层砖混结构农居侧面一

图 7-17　20 世纪 90 年代至 2000 年二层砖混结构农居侧面二

图 7-18 20 世纪 90 年代至 2000 年二层砖混结构农居正 / 侧面一

图 7-19 20 世纪 90 年代至 2000 年二层砖混结构农居正 / 侧面二

（4）2000—2010 年砖混结构（图 7-20 至图 7-24）。

图 7-20 2000—2010 年砖混结构农居正侧面

图 7-21 2000—2010 年二层砖混结构农居正面

图 7-22　2000—2010 年二层砖混结构农居正侧面一

图 7-23　2000—2010 年二层砖混结构农居正侧面二

（a）正侧面

（b）正面

（c）正面

图 7-24　2000—2010 年二层砖混结构农居正侧面三

（5）2010 年以后砖混结构（图 7-25 至图 7-31）。

（a）正面

（b）外部院墙

（c）侧面

图 7-25　2010 年以后砖混结构农居

图 7-26　2010 年以后砖混结构农居正面

（c）正面

（b）院墙

（a）院墙侧面

图 7-27　2010 年以后砖混结构农居

图 7-28　2010 年以后二层砖混结构农居正面（底框结构）

（a）正面　　（b）侧面

图 7-29　2010 年以后二层砖混结构农居

图 7-30　2010 年以后二层砖混结构农居正面一

图 7-31　2010 年以后三层砖混结构农居正面二

7.5　朝阳区砖木结构农居

朝阳区仍存有大量砖木结构农居，不同年代占比采样情况见表 7-4。近年来大部分早期建造的砖木结构农居房屋通常在前面搭建单层或二层房屋，有砖混也有彩钢板简易房屋，与怀柔区类似，无法用一种结构定义，通常只能分为砖木和砖混两栋统计。

图 7-32　砖木结构农居前部新建房屋

表 7-5 朝阳区砖木结构农居不同年代占采样比情况表

房屋结构（数量）	建造年代	房屋类型	数量（占同类采样比）	抗震加固	墙体承重	占本区采样比
砖木结构（736）	20 世纪 70 年代以前	/	0（0%）	/	/	42.1%
	20 世纪 70—80 年代	1 层	497（67.5%）	否	砖墙	
	20 世纪 90 年代至 2000 年	1 层	156（21.2%）	否	砖墙	
	2000—2010 年	1 层	66（9.0%）	否	砖墙	
	2010 年以后	1 层	17（2.3%）	否	砖墙	

（1）20 世纪 70—80 年代砖木结构（图 7-33 至图 7-36）。

（a）正面

（b）侧面

（c）背面

图 7-33 20 世纪 70—80 年代砖木结构农居一

（a）侧面

（b）侧面

图 7-34 20 世纪 70—80 年代砖木结构农居二

（a）正面

（b）院墙

（c）院墙

图 7-35　20 世纪 70—80 年代砖木结构农居三

（a）正面

（b）正面

（c）院墙

（d）厢房正面

图 7-36　20 世纪 70—80 年代砖木结构农居四

（3）20 世纪 90 年代至 2000 年砖木结构（图 7-37、图 7-38）。

（a）侧面

（b）正面

（c）背面

（d）背面

图 7-37 20 世纪 90 年代至 2000 年砖木结构农居

（a）院墙门

（b）院墙门

图 7-38 20 世纪 90 年代至 2000 年砖木结构农居院墙门

（3）2000—2010 年砖木结构（图 7-39）。

（a）正面

（b）正面

（c）正面

（d）正面

（e）侧面

（f）侧面

（g）背面

图 7.39　2000—2010 年砖木结构

（4）2010 年以后砖木结构（图略）。

第 8 章　农居抗震薄弱环节及建议

通过对北京 5 个区农村民居抽样调查分析得出，农村民居普遍存在一处或多处抗震薄弱环节。首先，土木结构、石结构、砖木结构等老旧房屋仍占有较大比例，房屋建造年代普遍较早，现存房屋质量较差；第二，农居抗震措施明显不足，老旧房屋均无圈梁、构造柱等，屋盖与墙体、墙体与墙体、附属构件与建筑主体之间缺乏必要的拉结措施，其他建造较晚的房屋也普遍存在抗震设施不达标等情况；第三，房屋基础大多薄弱，设计施工不规范，不同建筑材料混合使用，砂浆强度不够等问题较突出。可见农居房屋整体性能较差，抗震能力十分不足，农居地震安全问题突出。

8.1　农居抗震薄弱环节

（1）缺乏圈梁和构造柱。

缺乏圈梁和构造柱等构造措施是农居房屋普遍存在的问题。经调查，北京地区 20 世纪 90 年代以前建造的房屋基本不设圈梁、构造柱，属于“不设防”结构。随着农村经济发展、一系列农村改造工程的开展和农民防震减灾意识的提高，90 年代以后建造的房屋基本设置了圈梁，部分房屋设置了构造柱（图 8-1），但房屋的内外墙及纵横墙之间缺乏拉结措施，部分房屋即使设置了构造柱，但数量、质量也未能完全达标。使用预制混凝土板屋盖普遍不在墙顶设置圈梁。

砌体房屋设置抗震构造措施是增强结构抗震能力、降低地震灾害的有效手段。汶川地震、芦山地震等建筑物震害调查表明砖墙延性较差，在地震作用下墙体可能发生剪切破坏、出现斜裂缝或 X 裂缝、屋檐处和外墙角上角部位开裂、纵横墙连接处破坏、纵墙外闪塌落、基础破坏及附属构件的震损破坏等（葛学礼等，2014，于文等，2008，孙柏涛等，2014）。因此，在农居中合理设置圈梁和构造柱能有效增强结构的整体刚度和稳定性，抵抗基础不均匀沉降。

（2）基础薄弱。

农居基础较浅且处理简单，多见毛石基础，以毛石混合水泥砂浆、石灰砂浆、生土或其他粘结剂粘结，石结构房屋中也有部分基础采用毛石干垒的方式建造（图 8-2）。毛石本身形状不规则，粘结剂易风化酥脆，石块之间缺乏有效连接并与其他材料墙体之间难以形成有效整体，易造成较大的不均匀沉降，地震时极易垮掉（卜永红，2013）。

图 8-1　二层砖混有圈梁和构造柱

（a）毛石基础薄弱

（b）石块干垒基础

图 8-2　薄弱基础

（3）墙体采用不同材料混合砌筑，衔接差，且砂浆强度不足。

由于农村民居建造存在很大随意性，建造时就地取材，不同材料混合墙体十分常见。90 年代以前部分房屋墙体或墙体的下部采用毛石、料石等混合砂浆进行砌筑（图 8-3（a）），特别是石结构房屋墙体四周用烧结砖砌筑中间填充毛石，偶见全部都用毛石砌筑或石块干垒墙体（图 8-3（b）），不同材料之间砌筑时不能很好的搭接。随着时间的推移，粘结材料出现腐蚀风化，接缝处会出现裂缝，地震时墙体极易倒塌（图 8-3（c））（王毅江等，2010，栾桂汉等，2016）。

砂浆强度不足也是农居房屋中普遍存在的问题，砂浆涂抹不饱满、砂浆配比不规范等影响房屋的整体性能（图 8-3（d））。

（a）不同材料混合墙体

（b）毛石干垒墙体

（c）墙体衔接处开裂

（d）砂浆强度不足，涂抹不饱满

图 8-3　混合材料墙体

（4）屋盖与墙体连接较差，瓦木屋盖自重大，受力不均，木构件受损严重。

屋盖与墙体连接差的问题也较突出，特别是使用木屋架的砖木结构、石结构、土木结构，人字形木屋架与墙体连接较少，不设连接杆，且大多不牢靠，有的甚至直接摆放在承重墙体上，仅用石块填塞（图 8-4（a））。瓦木屋架本身自重较大，对墙体的承压不均匀，且不对支撑点作处理，墙体因局部承压强度不足出现竖向裂缝（图 8-4（b））（卜永红，2013），部分建筑的屋盖出现下陷变形（图 8-4（c）），严重影响房屋的整体稳定性。

大部分砖木结构、土木结构、石结构房屋建造年代较为久远，房屋老旧，大多在 20 世纪 70 年代以前或 70、80 年代，部分木构件常年暴露在外遭受环境侵蚀，在建造时未采取防腐和防虫措施，构件表面出现干裂、腐蚀和虫蚀现象，大大降低了构件的承载力，严重影响结构的抗震性能。

（a）屋盖与墙体连接差

（b）墙体竖向裂缝

（c）屋盖严重变形

（d）屋盖与墙体连接差，生土墙体不均匀沉降

图 8-4　墙体与屋盖

（5）石结构、土木结构墙体问题。

石结构墙体以毛石为主，石材料自身自重大，脆性较大，抗弯、抗剪能力极差，在地震水平荷载作用下，抵抗冲击能力非常脆弱。汶川地震等灾害调查表明，石墙房屋震害较严重，在同样的地震烈度下，破坏和倒塌的比例较高，与生土房屋相当（葛学礼等，2014）。

土木结构墙体用生土或混合少量稻草秸秆、毛石等夯实，生土本身的粘结性能较差、强度较低，随着时间的推移，雨雪冲刷等导致墙体风化开裂、剥落、不均匀沉降（图 8-4（d））。历次地震表明生土墙体房屋易造成墙体外闪和屋顶塌落，此类房屋造成的人员伤亡数量最大（葛学礼等，2014，马旭东等，2018）。

（6）不利的场地条件。

调研发现，部分靠近山区的农村民居存在选址不合理的情况，由于缺乏科学专业的指导以及受当地地理环境影响，房屋处于抗震不利地段。图 8-5 中农居背面纵墙建造在山坡上，属于抗震不利地段，地震时可能发生山体滑坡、坍塌等，房屋易发生严重破坏。

（7）门窗开洞过大。

农居中为更好地采光，前墙门洞普遍开窗过大，砖木、石结构、土木结构等房屋中一般未有有效过梁支撑，破坏承重体系，个别只用木梁支撑，承重不足（图 8-6），另因门洞过大，前部纵墙窗间仅以木柱和砖柱为主，导致前后纵墙抗侧刚度差异突出，地震作用下可能导致前柱和山墙严重损毁。

图 8-5　不利场地条件（山坡上）

图 8-6　门窗开洞过大

（8）附属构件建造不规范。

女儿墙在单层或多层砖混结构中多有出现，一般与建筑主体之间无锚固措施，不宜设置过高否则在地震中易倒塌坠落。

烟囱多见于砖木、土木等农居，大多数烟囱高出房屋很多，与建筑主体没有拉结措施，在地震中会产生鞭梢效应。

围墙的形式较为多样，有砖墙、石墙、生土墙或多种材料混合墙体，围墙普遍薄于承重墙体与主体建筑之间缺乏有效拉结措施，且大多粘结强度不够或砂浆涂抹不饱满，地震时易导致墙体坍塌。

（9）不规范搭建。

在入户调查中发现许多农居院墙内部为利用院内空间多用铝合金、塑钢等搭建。如图 8-7 所示顶棚和带玻璃窗小隔间，都由当地工匠自行设计安装，存在房屋抗震安全隐患。

（a）农居户内搭玻璃隔间

（b）农居户内搭顶棚

图 8-7　不规范搭建

（10）在历次中强地震中，钢筋混凝土结构整体抗震性能好，震害较轻，强烈地震一般对非结构构件（如填充墙、女儿墙或吊顶）等会造成一些破坏，其中钢筋混凝土框架结构的框架梁柱节点处应力集中显著，在强烈地震作用下易发生破坏。

8.2　农居抗震的三点建议

（1）全面开展农居加固工程。

在党和政府的坚强领导下，新农村建设、农村民居地震安全工程、地震易发区房屋设施加固工程等正陆续开展，例如，2004 年新疆、湖北、海南、四川等地示范实施农村民居地震安全工程，在新疆多次地震中表明农居安居工程有效地减轻了人员伤亡和财产损失。经调研了解，北京地区已在部分区域开展了新农村建设、农村危房改造政策、农宅抗震节能改造工程、地震灾害风险调查和重点隐患排查等工作，但还未全面普及，仍有大量农居存在风险隐患，需要加大资金和人力物力全面开展，这将有效改变农村“小震致灾”“大震巨灾”的状况。

（2）规范建造房屋，加强科学指导服务。

开展农村工匠对北京市地方标准《DB11/T536—2008 农村民居建筑抗震设计施工规程》的培训学习，新建农村民居应根据标准进行设计与施工，政府等相关部门应加强对农村民居的建设监管和科学指导并给予相关补助，积极引导农民按上述规程要求建造房屋。

（3）提高农民的防震减灾意识。

加强防震减灾知识的宣传普及，尤其是较为薄弱的农村地区，提高农民的防震减灾意识。结合汶川地震、玉树地震、芦山地震等农居房屋实际破坏震例提高农民对生命财产安全的认识，增强抗震意识，提升自救互救能力，从根本上重视农居抗震性能。

参考文献

[1] 北京市建工集团，1977. 北京地区地震历史简目 [J]. 建筑技术 (Z4):159.

[2] 卜永红，2013. 村镇生土结构房屋抗震性能研究 [D]. 长安大学.

[3] 顾功叙，1983. 中国地震目录（公元 1970—1979 年）[M]. 地震出版社.

[4] 顾功叙，1983. 中国地震目录（公元前 1831 年—公元 1969 年）[M]. 科学出版社.

[5] 葛学礼，朱立新，于文，2014. 我国村镇房屋震害原因与抗震对策措施 [J]. 工程建设标准化 (8):16-21.

[6] 罗开海，黄世敏，2015.《建筑抗震设计规范》发展历程及展望 [J]. 工程建设标准化 (7):73-78.

[7] 栾桂汉，任志林，王飞，等，2016. 北京延庆农村民居抗震性能调查分析 [J]. 工程抗震与加固改造，38(1):136-140.

[8] 娄宇，叶正强，胡孔国，等，2008. 四川汶川 5.12 地震房屋震害分析及抗震对策建议 [J]. 建筑结构 (8):1-7.

[9] 马旭东，刘志辉，刘晓丹，等，2018. 怀涿盆地农村房屋抗震性能调查与分析 [J]. 高原地震，30(4):63-70.

[10] 全国地震标准化技术委员会，2012. 地震现场工作（第 3 部分）：调查规范：GB/T 18208.3—2011[S]. 北京：中国标准出版社.

[11] 任振起，1996. 北京地区的历史地震 [J]. 国际地震动态 (9):34-35.

[12] 帅向华，等，2018. 四川九寨沟 7.0 级地震震害与信息服务 [M]. 成都地图出版社.

[13] 孙柏涛，闫培雷，王明振，等，2014. 四川省芦山“4·20”7.0 级强烈地震建筑物震害图集 [M]. 北京：地震出版社：13-21.

[14] 谭杰，李恒，蔡永建，等，2020. 湖北应城 4.9 级地震建筑物震害调查与分析 [J]. 地震工程与工程振动，40(5):206-215.

[15] 王毅红，韩岗，卜永红，等，2010. 村镇既有砌体结构民居建筑抗震性能现状分析 [J]. 建筑结构，40(12):101-104+121.

[16] 于文，葛学礼，朱立新，2008. 四川汶川 8.0 级地震都江堰周边村镇房屋震害分析 [J]. 工程抗震与加固改造 (4):45-49.

[17] 中国地震局震害防御司，1999. 中国近代地震目录（公元 1912—1990 年，$M_S \geq 4.7$）[M]. 中国科学技术出版社.

[18] 中国地震局震害防御司，1995. 中国历史强震目录（公元前 23 世纪—公元 1911 年）[M]. 地震出版社.

[19] 中国建筑学会工程勘察分会，建设部综合勘察研究设计院，1977. 北京地区历史大地震（震级大于 6 级）[J]. 勘察技术资料 (2):56.

[20] 中华人民共和国住房和城乡建设部，中华人民共和国国家质量监督检验检疫总局，2016. 建筑抗震设计规范：GB 50011—2010（2016 年版）[S]. 北京：中国建筑工业出版社.

[21] 中华人民共和国住房和城乡建设部，2011. 砌体结构设计规范：GB 50003—2011[S]. 北京：中国建筑工业出版社.

[22] http://www.beijing.gov.cn/renwen/bjgk/.

[23] http://www.bjchp.gov.cn/cpqzf/mlcp/cpgk/index.html.

[24] http://www.bjhr.gov.cn/zjhr/.
[25] http://www.bjpg.gov.cn/pgqrmzf/zjpg/index.html.
[26] http://www.bjyq.gov.cn/yanqing/mlyq/index.shtml.
[27] http://www.bjchy.gov.cn/chaoyang/cygk/gkxx/.
[28] http://www.stats.gov.cn/tjsj/tjbz/tjyqhdmhcxhfdm/2020/11/1101.html.